基于 Arduino 的四旋翼飞行器系统设计与制作

朱良谊 吕丹 李宗哲 荆继红 闫江宏 编著

西安电子科技大学出版社

内 容 简 介

本书是一部关于四旋翼飞行器的科普读物。全书共 6 章：第 1 章介绍了四旋翼飞行器的概念、发展史以及四旋翼飞行器的主要优缺点和技术难点，让读者对四旋翼飞行器有初步的了解；第 2 章重点讲述了 Arduino 的原理及应用，为学习开源飞控打下基础；第 3 章介绍了四旋翼飞行器的飞行原理、飞行姿态及滤波算法，为读者制作四旋翼飞行器打下基本的理论基础；第 4 章介绍了四旋翼飞行器的硬件选择，为读者开展四旋翼飞行器制作做好器材准备；第 5 章通过讲解一个具体的四旋翼飞行器的制作过程，向读者详细介绍了硬件组装步骤，并且提供了与飞行控制相关的全部源代码，让读者具备制作一架真正属于自己的四旋翼飞行器的实际动手能力；第 6 章展望了四旋翼飞行器的新技术和未来的发展方向，为读者今后能深入学习四旋翼飞行器提供借鉴。

本书可以作为大学或高中学生开展基于实践的 STEAM 学习的素材，也可以作为教师开展 STEAM 教学的教辅。

图书在版编目(CIP)数据

基于 Arduino 的四旋翼飞行器系统设计与制作 / 朱良谊编著. —西安：西安电子科技大学出版社，2018.9
ISBN 978−7−5606−5159−0

Ⅰ.① 基… Ⅱ.① 朱… Ⅲ.① 旋翼机—程序设计 ② 旋翼机—制作 Ⅳ.① TP368.1 ② V275

中国版本图书馆 CIP 数据核字(2018)第 260965 号

策划编辑	戚文艳	
责任编辑	文瑞英　雷鸿俊	
出版发行	西安电子科技大学出版社(西安市太白南路 2 号)	
电　　话	(029)88242885　88201467	邮　编　710071
网　　址	www.xduph.com	电子邮箱　xdupfxb001@163.com
经　　销	新华书店	
印刷单位	陕西天意印务有限责任公司	
版　　次	2018 年 9 月第 1 版　2018 年 9 月第 1 次印刷	
开　　本	787 毫米×1092 毫米　1/16　印 张　12	
字　　数	280 千字	
印　　数	1～3000 册	
定　　价	28.00 元	

ISBN 978−7−5606−5159−0 / TP

XDUP 5461001−1

如有印装问题可调换

前　　言

有人说，莱特兄弟(Wright Brothers)一定会对今天的飞行器感到目瞪口呆。事实上，当今的飞行器比以往任何时候都飞得更快更远，更让前人无法想象的是，现在的飞行器甚至在无人驾驶的情况下也可以翱翔蓝天，并为人们提供着各种各样的服务。这意味着——无人机的时代已经来临。

"无人机"的英文缩写为UAV(Unmanned Aerial Vehicle)，是利用无线电遥控设备或者自动程序控制飞行的无人飞行器。近年来，无人机的发展可以用迅猛、火爆来形容。这其中最火的当属"四旋翼"无人机，在很多庆典场合中都可以看到大规模的四旋翼无人机的飞行表演。除此之外，在航拍、农业、植保、快递运输、灾难救援、观察野生动物、监控传染病、测绘、新闻报道、电力巡检、救灾、影视拍摄等领域都有四旋翼无人机的身影，各种有关无人机或专业的四旋翼无人机的比赛也方兴未艾。

Arduino是目前世界上资源最丰富的智能硬件。它是一系列方便灵活、易于上手的开源电子原型平台，不仅工程师能够用其进行快速原型开发，艺术家、设计师以及对各类DIY有兴趣的爱好者同样可以用其开展各类有创意的开发。更重要的是Arduino是开源的，这就意味着使用该软件不但可以降低开发成本，而且会有很多衍生品可供选择。

DIY(Do It Yourself)的乐趣对于年轻人来说是不言而喻的，在课余做自己喜欢做的事，不亦乐乎。毫无疑问，无人机和Arduino碰撞在一起一定能够产生出绚丽多彩的火花，本书就是为这些敢想敢做的年轻人准备的。通过阅读本书，作者希望年轻的读者能够真正体会到DIY的乐趣，当你看到自己亲手制作的四旋翼无人机飞向天际的那一刻，那种成功的喜悦必将成为人生中最难忘的记忆。

本书是一本介绍Arduino四旋翼飞行器的实用图书，全面介绍了四旋翼无人机和Arduino的基本知识以及利用这些知识开发自己的飞行器的方法。本书在撰写过程中，尽量避免深奥的原理说教，先介绍了一些必备的基础知识，然后详细讲解了制作四旋翼飞行器的步骤，并向读者提供了完整的程序代码，让没有电子制作或编程基础的读者也能够看得懂、学得会、做得出。因此，希望读者能够喜欢这本书，希望年轻的DIY爱好者能够在本书的帮助下，用自己的双手放飞翱翔蓝天的梦想。

作　者
2018年7月

目　　录

第1章　概述 1
　1.1　四旋翼飞行器简介 1
　　1.1.1　四旋翼飞行器的概念 1
　　1.1.2　四旋翼飞行器的发展史 1
　1.2　四旋翼飞行器的主要优缺点和技术难点 3
　　1.2.1　四旋翼飞行器的主要优缺点 3
　　1.2.2　四旋翼飞行器的技术难点 4
　思考题 5

第2章　Arduino 的原理及应用 6
　2.1　开源飞控 6
　2.2　初识 Arduino 7
　　2.2.1　Arduino 简介 8
　　2.2.2　Arduino 的不同版本 10
　2.3　Arduino 开发环境搭建 14
　　2.3.1　IDE 环境介绍 14
　　2.3.2　Arduino 驱动安装 17
　　2.3.3　实现 Hello Arduino 19
　2.4　Arduino 编程基础 22
　　2.4.1　程序结构 22
　　2.4.2　控制语句 23
　　2.4.3　相关语法 30
　　2.4.4　算术运算 32
　　2.4.5　比较运算 34
　　2.4.6　布尔运算 35
　　2.4.7　指针运算 36
　　2.4.8　位运算 36
　　2.4.9　复合运算符 40
　　2.4.10　常量与变量 41
　2.5　Arduino 的基本函数 56
　　2.5.1　数字 I/O 函数 57
　　2.5.2　模拟 I/O 函数 59
　　2.5.3　高级 I/O 函数 61
　　2.5.4　时间函数 65

2.5.5　几个基本的数学运算函数 67
　　2.5.6　三角函数 70
　　2.5.7　随机数函数 71
　　2.5.8　位操作函数 72
　　2.5.9　设置中断函数 74
　　2.5.10　开关中断函数 75
　2.6　Arduino 硬件平台 76
　　2.6.1　Arduino Uno R3 的硬件原理 76
　　2.6.2　数字输入 79
　　2.6.3　数字输出 81
　　2.6.4　模拟输入 82
　　2.6.5　模拟输出 84
　　2.6.6　串口输入 87
　　2.6.7　串口输出 88
　　2.6.8　Arduino Pro Mini 90
　思考题 93

第3章　四旋翼飞行器的飞行原理、飞行姿态及滤波算法 94
　3.1　四旋翼飞行器的结构和飞行原理 94
　　3.1.1　结构形式 94
　　3.1.2　飞行原理 94
　3.2　四旋翼飞行器姿态的表示和运算 97
　　3.2.1　坐标系统的建立 97
　　3.2.2　四旋翼飞行器飞行姿态的表示和换算 99
　3.3　滤波算法以及修正融合 101
　　3.3.1　互补滤波和梯度下降算法 102
　　3.3.2　卡尔曼滤波 110
　3.4　PID 控制算法 113
　　3.4.1　四旋翼飞行器的控制原理 113
　　3.4.2　PID 控制理论 114
　　3.4.3　四轴 PID 控制——单环 116
　　3.4.4　四轴 PID 控制——串级 118
　思考题 119

第4章　四旋翼飞行器的硬件选择 120
　4.1　四旋翼飞行器的类型 120
　4.2　主要部件的选择 121
　　4.2.1　遥控器 121
　　4.2.2　飞行控制器 123

4.2.3 机架 125
　　4.2.4 电机 126
　　4.2.5 桨叶 126
　　4.2.6 电调 127
　　4.2.7 电池 127
　　4.2.8 充电器 128
　思考题 129

第 5 章　基于 Arduino Uno 的四旋翼飞行器的制作 130
　5.1 选用的核心硬件介绍 130
　5.2 硬件主要的组装步骤 132
　5.3 软件源代码 137
　　5.3.1 Arduino 四旋翼飞行器初始化源代码 137
　　5.3.2 Arduino 四旋翼飞行器的飞控源代码 160
　　5.3.3 Arduino 四旋翼飞行器的 ESC 校正源代码 176
　思考题 181

第 6 章　四旋翼飞行器未来的发展与展望 182
　思考题 183

参考文献 184

第1章 概　　述

有人说：“无人机是 21 世纪的一个精灵。”四旋翼飞行器就是这些精灵中最引人注目的一类。现在，它离我们如此之近。我们经常能够看到它的身影出现在各种场合，比如精彩的综艺节目里有它在空中追踪拍摄，除夕的春节联欢晚会有它震撼人心的编队特技表演，农林监测、电力巡查、救生搜索、环境保护、边防警卫、军用侦察……都有它的用武之地。如此之多的应用场合，使其有了更广阔的发展前景。随之而来的是越来越多的人不但迷上了它，还积极投身四旋翼飞行器的制作和研究，甚至每年国内外还有许多赛事来推动四旋翼飞行器技术的发展进步。

现在就让我们来认识一下这个神奇的"精灵"吧。

1.1　四旋翼飞行器简介

1.1.1　四旋翼飞行器的概念

四旋翼飞行器又叫四轴飞行器、四旋翼直升机，英文名有 Quadrotor、Four-rotor helicopter、X4-flyer 等。直观上看，它就是一种十字形布局，并拥有四个螺旋桨的飞行器。

四旋翼飞行器的外观局部如图 1-1 所示。其旋翼对称分布在十字形布局的四个方向，为了便于控制平衡，一般情况下，四个旋翼处于同一高度平面，且四个旋翼的结构和半径都相同，四个电机对称地安装在飞行器的支架端，支架中间的空间安放着飞行控制计算单元和外部设备。

图 1-1　典型四旋翼飞行器的外观布局

1.1.2　四旋翼飞行器的发展史

当今的四旋翼飞行器具有小巧灵活、便携宜用的特点，有的甚至还具有一定的智能。四旋翼飞行器的外观虽然看似简单，但是它的发展历史几乎与固定翼飞机的发展历史一样悠久。在莱特兄弟发明了第一架飞机(1903 年)后的第四年，即在 1907 年的法国，在 Charles Richet 教授的指导下，Breguet 兄弟进行了他们的旋翼式直升机的飞行试验，因为设计不切实际，它的飞行高度只有 1.52 m。

1921 年，George De Bothezat 与 Ivan Jerome 在美国俄亥俄州西南部城市代顿的莱特机库建造了一架大型的四旋翼直升机。在没有原型机制造的时代，该直升机第一次飞行取得了惊人的成功。1922年该设计取得了美国专利。

Ethenne Oehmichen 于1920年开始设计多旋翼设计，第一次试飞失败，经过重新设计之后，1921年2月18日他首次成功搭乘直升机。1923年他突破了当时直升机领域的世界纪录：该直升机首次实现了14分钟的飞行时间。

1956年，M.K.Adman设计的第一架真正的四旋翼飞行器Convertawings Model A在试飞时取得了巨大成功。这架飞机重达1吨，依靠两个90马力的发动机实现悬停和机动。

在20世纪50年代，美国陆军继续测试各种垂直起降方案。1958年，两架VZ-7原型机交付给美国陆军。该飞机在试验期间表现良好，但是由于它未能达到军方对高度和速度的要求，因此VZ-7于1960年退役并被返回给制造商。

在此之后的数十年中，四旋翼垂直起降机没有什么大的进展，四旋翼飞行器的发展几乎停滞。20世纪90年代之前，惯性导航系统还是十几公斤重的"大铁疙瘩"。直至90年代初随着微机电系统(MEMS)研究的成熟，只有几克重的MEMS惯性导航系统才被制造了出来，这意味着能供多旋翼飞行器使用的微型自动控制器可以实现了。但是由于MEMS传感器处理数据时的噪音影响很大，且数据不能被直接读出来使用，于是人们又花了几年的时间研究去除MEMS噪声的各种数学算法。由于这些算法以及自动控制器本身通常需要速度比较快的单片机来运行，于是人们又等了几年，等速度比较快的单片机诞生，接着人们又花了若干年的时间理解多旋翼飞行器的非线性系统结构，给它建模、设计控制算法、实现控制算法。直到2005年左右，真正稳定的多旋翼无人机自动控制器才被制造了出来。

近些年来，随着微系统、传感器以及控制理论、四旋翼垂直起降机制理论等技术的发展，四旋翼垂直起降机再度引起人们极大的兴趣。研究集中在小型或微型四旋翼飞行器的结构、飞行控制以及能源动力等方面。产品方面，德国Microdrones GmbH于2005年成立，2006年推出了Md4-200四旋翼无人机，2010年推出了Md4-1000四旋翼无人机系统。同年，德国人H. Buss和I. Busker主导了一个四轴开源项目Mikrokopter。美国Draganflyer公司在2004年推出了Draganflyer Ⅳ四旋翼无人机，并随后在2008年推出了工业级的多旋翼无人机Draganflyer X6。中国的大疆、零度等无人机公司也蓬勃发展，占领了国内外很大的四旋翼无人机市场份额。在学术方面，越来越多的学术研究人员开始研究多旋翼，并且自己搭建四旋翼无人机，验证算法，特别是姿态控制算法，还有个别研究者基于商业四旋翼+动作捕捉系统开发验证环境。四旋翼无人机的爆发式的发展也得到了学术界权威杂志——《自然》的关注。

从四旋翼无人机在国内的发展看，自2012年底大疆公司推出四旋翼一体机——小精灵Phantom(见图1-2)后，因该产品极大地降低了航拍的难度和成本，获得了广大消费群体的认可，成为迄今为止最热销的产品。之后短短两年间，围绕着多旋翼飞行器相关创意、技术、产品、应用和投资等新闻层出不穷。目前，多旋翼飞行器已经成为微小型无人机或航模的主流。比如在2015年闭幕的中国国际模型博览会和农业展览会上，随处可见多旋翼飞行器的身影。随着大疆、零度等国内顶尖无人机公司产品的走

图1-2 大疆小精灵航拍四旋翼无人机

热，各种相关技术的不断进步，开源飞控社区的推动，专业人才的不断加入，以及资本的投入等，多旋翼技术得到了迅猛的发展。

1.2 四旋翼飞行器的主要优缺点和技术难点

1.2.1 四旋翼飞行器的主要优缺点

四旋翼飞行器是典型的多旋翼控制系统，它的控制完全由四个无刷电机的转速变化实现。四旋翼飞行器的输入功率、电机转速、旋翼升力、机体角加速度之间的关系很简单，对整架飞机的动力学建模简洁又精确，哪怕是简单的PID(负反馈)控制也可以极大地减少操纵者的负担，并且其机械结构非常简单，按指令实现的动作也没有误差。而传统直升机的周期距控制机械结构极其复杂，误差较大，周期距与机体角加速度之间的关系复杂，要考虑旋翼与尾旋翼的转动惯量、旋翼变形、前进时迎风侧旋翼与顺风侧旋翼升力差引起的偏航等因素。因此，总的来说，四旋翼飞行器具有多旋翼飞行器普遍具备的以下几个优点：

(1) 在操控性方面，四旋翼飞行器的操控最简单。

四旋翼飞行器不需要跑道便可以垂直起降，起飞后可在空中悬停。它的操控原理简单，操控器的四个遥感操作对应飞行器的前后、左右、上下和偏航方向的运动。在自动驾驶仪方面，多旋翼自动驾驶仪控制方法简单，控制器参数调节也很简单。相对而言，学习固定翼飞行器和直升机的飞行不是简单的事情。固定翼飞行器的飞行场地要求开阔，而直升机飞行过程中会产生通道间耦合，自动驾驶仪控制器设计困难，控制器调节也很困难。

(2) 在可靠性方面，四旋翼飞行器的表现最出色。

若仅考虑机械的可靠性，多旋翼飞行器没有活动部件，它的可靠性基本上取决于无刷电机的可靠性，因此可靠性较高。相比较而言，固定翼飞行器和直升机有活动的机械连接部件，飞行过程中会产生磨损，导致可靠性下降。而且多旋翼飞行器能够悬停，飞行范围受控，相对于固定翼飞行器更安全。

(3) 在勤务性方面，四旋翼飞行器的勤务性最高。

四旋翼飞行器的结构简单，若电机、电子调速器、电池、桨和机架损坏，很容易替换。而固定翼飞行器和直升机零件比较多，安装也需要技巧，维修相对比较麻烦。

但四旋翼飞行器也有其自身的不足，比如在承载性能方面，四旋翼弱于固定翼，并且它是通过螺旋桨速度的及时改变来调整力和力矩从而控制其他运动的，这种方式并不适宜推广到更大尺寸的四旋翼飞行器。

四旋翼飞行器的缺点主要有以下几点：

(1) 桨叶尺寸越大越难迅速改变其速度。

正是因为如此，直升机主要是靠改变桨距而不是速度来改变升力的。

(2) 在大载重下，螺旋桨的刚性需要进一步提高。

螺旋桨的上下振动很容易导致刚性大的桨折断，这与我们平时来回折铁丝便可将铁丝折断同理。因此，桨叶的柔性是很重要的，它可以减少桨叶来回旋转对桨叶根部的影响。为了减少桨叶的疲劳，直升机采用了一个容许桨叶在旋转过程中上下运动的铰链。如果要提供大载重，多旋翼飞行器也需要增加活动部件或加入涵道和整流片。这相当于一个多旋翼飞行器含有多个直升机结构。这样多旋翼飞行器的可靠性和维护性就会急剧下降，优势也就不那么明显了。当然，另一种增加多旋翼飞行器载重能力的可行方案便是增加桨叶数量，增至18个或32个桨。但该方式会极大地降低可靠性、维护性和续航性。种种原因使人们最终选择了小型多旋翼飞行器。

（3）在续航性能方面，四旋翼飞行器的表现也明显弱于固定翼飞行器，其能量转换效率低下。

目前解决多旋翼飞行器的续航问题，主要有以下四种方式：

① **新型电池**：比如最近风头正热的氢燃料电池，国内外已经有公司进行投入使用，2015年，来自加拿大蒙特利尔 EnergyOr 技术有限公司采用燃料电池的四旋翼飞行器进行了2小时12分钟续航飞行。此外，石墨烯、铝空气、纳米点这三项电池技术将成为未来电池世界的三大奇兵。如果这些新兴材料能运用到多旋翼飞行器上，则可以使其续航能力有一个大的提升。

② **混合动力**：2015年，美国初创公司 Top Flight Technologies 开发出混合动力六旋翼无人机。它仅需要1加仑(约合3.78升)汽油便可以飞行两个半小时(可飞行约160公里)，最高负重达 9 kg。

③ **地面供电**：通过电缆将电能源源不断输送给多旋翼飞行器，目前多用于大型集会时的安防无人机供电，例如 Skysapience 公司生产的 Hoverlite。

④ **无线充电**：来自德国柏林的初创公司 SkySense 在无人机户外充电方面提供了一种解决方案，他们研发出一块可以为无人机进行无线充电的平板。如果能够缩短充电时间，那么无线充电技术将会极大地帮助多旋翼飞行器进行长途飞行。

对于常见的固定翼、直升机以及多旋翼三种飞行器而言，操控性与飞机结构、飞行原理相关，这是很难改变的。而在可靠性和勤务性方面，多旋翼始终具备优势。随着电池能量密度的不断提升、材料的轻型化和机载设备的不断小型化，多旋翼的优势将进一步凸显。因此，在大众市场，"刚性"体验最终让人们选择了多旋翼。

1.2.2 四旋翼飞行器的技术难点

虽然国际上对四旋翼无人机的研究已经取得了丰硕的成果，并已大量投入商业应用。但是，作为开发制作人员，还应研究四旋翼本身的机械结构及控制系统，目前在研究过程中还存在以下一些技术难点。

（1）在飞行过程中四旋翼飞行器不但受到本身软硬件、机体结构等因素的影响，还容易受到气流等外部因素的干扰。比如驱动四个旋翼的电机产生的振动和干扰，使得加速度计的数据变化剧烈，并含有大量振动噪声；电机产生的磁场会干扰电子罗盘模块的测量数据。

（2）四旋翼飞行器空间上具有6个自由度，有4个控制输入。其控制的变量多、传感器多、数据量大、算法复杂、运算量大和干扰大的特性，使得飞行控制系统的软件也比一般直升机复杂得多。

（3）四旋翼飞行器的主要的姿态传感器——陀螺仪传感器的输出比较缓慢，时间一长就会产生较大的累积误差，而且还有温度漂移，利用陀螺仪进行物体姿态检测需要考虑到累积误差的消除。加速度计的敏感性、变化速度快使得加速度计在飞行过程中采集到的数据带有大量的噪声(主要是由振动产生的)。因此在四旋翼飞行器的飞行姿态控制系统中，必须将陀螺仪和加速度计的数据通过数据滤波算法进行融合和滤除噪声干扰，以此来得到正确的姿态数据。

此外，随着四旋翼飞行器的应用领域不断扩大，人们对它的要求也越来越高，因此在许多技术层面迎来了新的挑战。为了适应未来需求的发展，目前国际上对四旋翼飞行器的研究主要针对以下技术难点进行突破：

(1) 大载荷；
(2) 自主飞行；
(3) 智能传感器技术；
(4) 自主控制技术；
(5) 多机编队协同控制技术；
(6) 微小型化。

思 考 题

1. 四旋翼飞行器的结构布局有什么特点？为什么要这样布局？
2. 四旋翼飞行器的主要优点有哪些？
3. 多旋翼飞行器为什么多为小型飞行器？
4. 四旋翼飞行器的主要技术难点有哪些？

第 2 章 Arduino 的原理及应用

在纷繁复杂的无人机产品中,四旋翼飞行器以其结构简单、使用方便、成本低廉等优势,最先进入了大众的视线。但是,这种飞行器对飞行控制能力的要求是最高的,因此它刺激了大批基于 MEMS 传感器的开源飞控的出现。

2.1 开源飞控

开源(Open Source)的概念最早被应用于开源软件,开放源代码促进会(Open Source Initiative)用以描述那些源码可以被公众使用的软件,并且这类软件的使用、修改和发行也不受许可证的限制。图 2-1 是开放源代码促进会主页。

图 2-1 开放源代码促进会的主页

每一个开源项目均拥有自己的论坛,由团队或个人进行管理。论坛定期发布开源代码,对此感兴趣的程序员都可以下载这些代码,并对其进行修改,然后上传自己的成果。管理者从众多的修改中选择合适的代码改进程序并再次发布新版本。如此循环,形成"共同开发、共同分享"的良性开发模式。

开源软件的发展逐渐与硬件相结合，产生了开源硬件。图 2-2 是开源硬件协会的主页。

因此，生产在开源硬件(OSHW)许可下的品目(产品)的个人和公司有义务明确该产品没有在原设计者核准前被生产、销售和授权，并且没有使用任何原设计者拥有的商标。硬件设计的源代码的特定格式可以被其他人获取，以便对其进行修改。在实现技术自由的同时，开源硬件提供知识共享并鼓励硬件设计，开放交流贸易。

图 2-2　开源硬件协会主页

开源硬件(OSHW)最初的定义是在软件开源定义基础上产生的。该定义是由 Bruce Perens 和 Debian 的开发者作为 Debian 自由软件方针而创建的。

了解了开源硬件的概念，开源飞控的概念也就比较容易理解了。所谓开源飞控就是建立在开源思想基础上的自动飞行控制器项目(Open Source Auto Pilot)，其中同时包含开源软件和开源硬件，软件中又包含飞控硬件中的固件和地面站软件两部分。爱好者不但可以参与软件的研发，也可以参与硬件的研发，不但可以购买硬件来开发软件，也可以自制硬件，这样便可让更多人自由享受该项目的开发成果。

开源项目的使用具有商业性，所以每个开源飞控项目都会给出官方的法律条款以界定开发者和使用者权利，不同的开源飞控对其法律界定都有所不同。

2.2　初识 Arduino

要谈开源飞控的发展就必须从著名的开源硬件项目 Arduino 谈起。

Arduino 是最早的开源飞控平台，于 2005 年在意大利交互设计学院合作开发而成。Arduino 为电子开发爱好者搭建了一个灵活的开源硬件平台和开发环境，用户可以从 Arduino 官方网站获取硬件的设计文档，通过调整电路板及元件，使其符合自己的实际设计的需要。图 2-3 是 Arduino UNO R3 开发板。

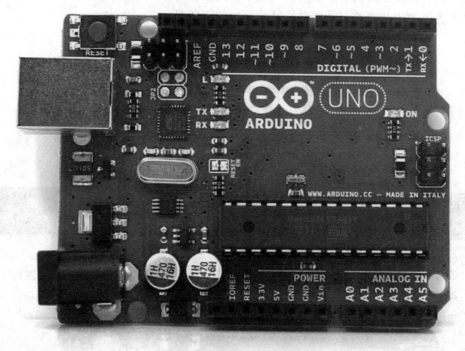

图 2-3　Arduino Uno R3 开发板

Arduino 用户可以通过配套的 Arduino IDE 软件查看源代码并上传自己编写的代码。Arduino IDE 使用的是基于 C 语言和 C++ 的 Arduino 语言，十分容易掌握，并且 Arduino IDE 可以在 Windows、Macintosh OSX 和 Linux 三大主流操作系统上运行。

随着 Arduino 平台逐渐被爱好者所接受，各种功能的电子扩展模块层出不穷，其中最为复杂的便是集成了 MEMS 传感器的飞行控制器。为了得到更好的飞控设计源代码，Arduino 公司决定开放其飞控源代码，由此开启了开源飞控新的发展道路，著名的开源飞控 MWC 和 APM 都是 Arduino 飞控的直接衍生产品，至今仍然使用 Arduino 开发环境进行开发。目前，包括 MultiWii、APM/ACM、MegaPirates 等基于 Arduino 的"飞控系统"都是飞行器爱好者喜欢的工具。

2.2.1　Arduino 简介

Arduino 的核心开发团队成员包括：Massimo Banzi、David Cuartielles、Tom Igoe、Gianluca Martino、David Mellis 和 Nicholas Zambetti。Massimo Banzi 之前是意大利 Ivrea 一家高科技设计学校的老师。他的学生们经常抱怨找不到便宜好用的微控制器。2005 年冬天，Massimo Banzi 跟 David Cuartielles 讨论了这个问题。David Cuartielles 是一名西班牙籍芯片工程师，当时在这所学校做访问学者。两人决定设计自己的电路板，并邀请 Banzi 的学生

第 2 章 Arduino 的原理及应用

David Mellis 为电路板设计编程语言。两天以后，David Mellis 就写出了代码。又过了三天，电路板就完工了。这块电路板被命名为 Arduino。图 2-5 为 Arduino Uno 板。

图 2-4　Arduino 核心开发团队成员

图 2-5　Arduino Uno 板

Arduino 是一款便捷灵活、方便上手的开源电子原型平台，包含硬件(各种型号的 Arduino 板)和软件(Arduino IDE)。它适合艺术家、设计师、爱好者和对于"互动"有兴趣的朋友们。

Arduino 能通过各种各样的传感器来感知环境，通过控制灯光、马达和其他的装置来反馈、影响环境。它可以快速地与 Adobe Flash、Processing、Max/MSP、Pure Data、SuperCollider 等软件结合，产生互动作品。Arduino 也可以独立运行。板上的微控制器可以通过 Arduino 的编程语言来编写程序，编译成二进制文件，烧录进微控制器。对 Arduino 的编程是利用 Arduino 编程语言 (基于 Wiring)和 Arduino 开发环境(Based on Processing)来实现的。基于

Arduino 的项目，可以只包含 Arduino，也可以包含 Arduino 和其他一些在 PC 上运行的软件，它们之间的运行通过通信(比如 Flash、Processing、MaxMSP)来实现。Arduino 的 IDE 界面基于开放源代码，可以免费下载使用，可以开发出更多令人惊艳的互动作品。

开发者可以自己动手制作，也可以购买成品套装；Arduino 使用的软件都可以免费下载。硬件参考设计(CAD 文件)也是遵循 available open-source 协议的，开发者可以非常自由地根据自己的要求去修改它们。

2.2.2　Arduino 的不同版本

Arduino 家族的产品系列非常丰富，仅其官方组织就针对不同用户和不同的应用领域，开发出了几十种不同的版本，如图 2-6 所示。

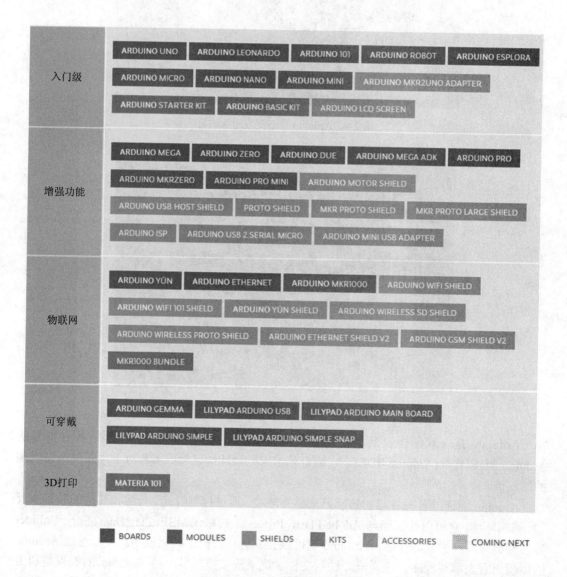

图 2-6　Arduino 家族系列版本

从图 2-6 我们可以看到，Arduino 产品家族存在着好几个系列，每个系列都针对不同的用户需求。例如针对入门须用户，其系列如图 2-7 所示。初学者可以用这个系列的板子学习 Arduino，并且由简单到复杂，用它门制作出功能丰富、富有创意的电子产品。这个系列的产品是入门者的首选。

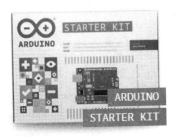

图 2-7　Arduino 入门级系列

对于开发经验更加丰富，想开发功能更加复杂产品的用户，可选用 Arduino Enhanced Features，即增强系列的产品，如图 2-8 所示。

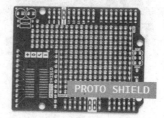

图 2-8　Arduino 增强系列

针对想做网络产品或物联网开发的用户,可以选择 Arduino Internet of Things 系列的开发板进行相关产品的开发,如图 2-9 所示。

图 2-9　Arduino Internet of Things 系列

对于想开发可穿戴设备,或者在服装创意上有想法的用户,Arduino 还有专门的 Wearable 系列可供选择,如图 2-10 所示。

此外,针对目前火爆的 3D 打印技术,Arduino 官方还推出了专门用于 3D 打印的产品,如图 2-11 所示。

图 2-10　Arduino Wearable 系列

图 2-11　Arduino 打印产品

　　这些产品足够让开发者开发出丰富且极具创意的电子产品。如今，有很多创客、极客都使用 Arduino 系列的产品进行各种创新开发。它是创客和极客们最喜欢的开发平台之一。

2.3　Arduino 开发环境搭建

2.3.1　IDE 环境介绍

　　除了准备好硬件之外，剩下的自然就是搭建开发环境了。Arduino 的开发环境有很多种，其中图形化开发环境 Ardublock、Mind+等(如图 2-12、图 2-13 所示)适合初学者，特别是中小学生入门学习使用。

第 2 章 Arduino 的原理及应用

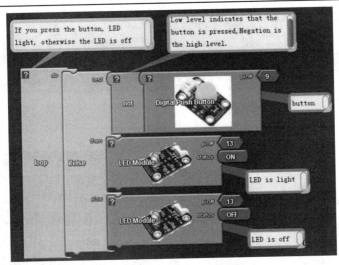

图 2-12 Ardublock 开发环境

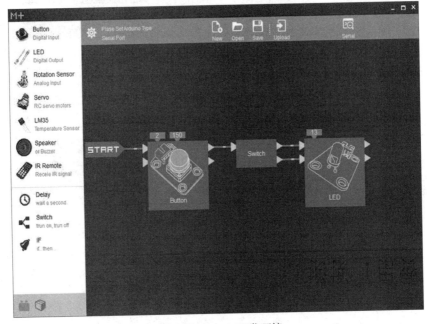

图 2-13 Mind+开发环境

除此之外，还有 codeblock、VC、Eclipse 等集成开发环境的插件，开发者可以根据自己的喜好进行选择。不过，这些开发环境都是非官方的。在此，笔者要推荐的还是 Arduino 官方的 IDE 开发环境，直接从官网就可以获取 Arduino IDE 开发工具，如图 2-14 所示。

下载地址：https://www.arduino.cc/en/Main/Software

从 Arduino 官网可以下载 Release 版、Beta 版和前期版本。此外，由于 Arduino 的开源性，Arduino 官网还支持源码下载。Arduino 开发环境支持的平台有 Windows、MAC OS X、Linux。

Windows 平台上的 Arduino IDE 有两种文件可以下载，一种是安装包，一种是下载后的 zip 包，直接解压就可以使用。

图 2-14 Arduino 官网的 IDE 下载页面

Arduino IDE 的主界面如图 2-15 所示。

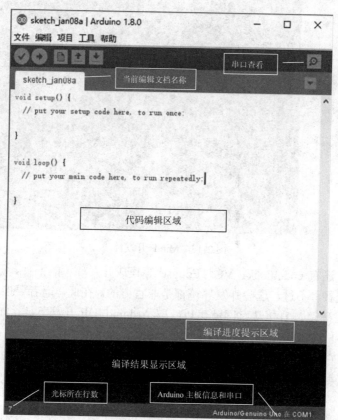

图 2-15 Arduino IDE 的主界面

在此 IDE 界面中，我们最常用到工具按钮都集中在代码编辑区上方的快速访问工具栏，如图 2-16 所示。

图 2-16　Arduino IDE 快速访问工具栏

其中，各按钮的含义如下：

◎ 按钮：用来编译并验证代码的语法是否正确；
➔ 按钮：用来将代码编译好并烧录到 Arduino 主板中；
▤ 按钮：用来新建代码文档；
↑ 按钮：用来打开已有的代码文档；
↓ 按钮：用来保存正在编辑的代码文档。

2.3.2　Arduino 驱动安装

首先用数据线把 Arduino 开发板和电脑连接起来。

正常情况下会有驱动安装提示。下面以 Windows 7 系统为例介绍其安装过程，其他系统上的安装过程类似。

（1）在"设备管理器"窗口中找到"未知设备"，右键单击，在弹出的菜单中选择"更新驱动程序软件"选项，如图 2-17 所示。

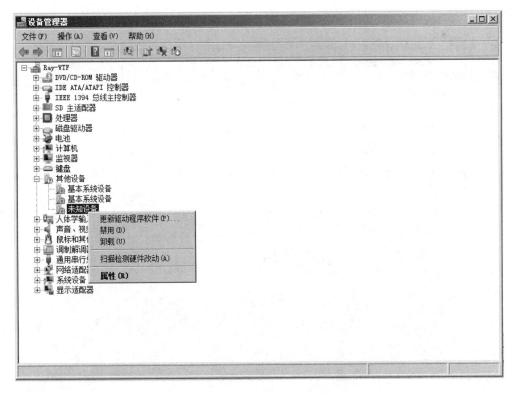

图 2-17　"设备管理器"窗口

(2) 在弹出的对话框中选择"浏览计算机以查找驱动程序软件"选项，如图 2-18 所示。

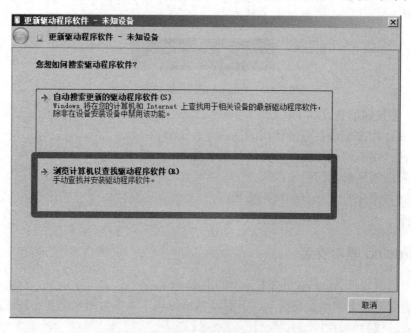

图 2-18 "更新驱动程序软件"对话框

(3) 在图 2-19 中，单击"浏览"按钮，浏览计算机上的驱动文件，选中 Arduino IDE 中的 drivers 文件夹。如果对 Arduino IDE 不了解，可以先查看 2.3.1 节的 IDE 环境介绍。

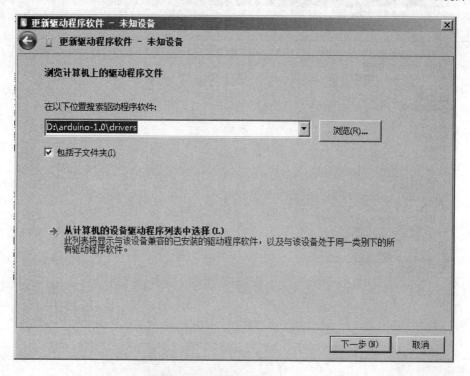

图 2-19 选择驱动程序所在位置

第 2 章 Arduino 的原理及应用

(4) 单击"下一步"按钮即可实现安装，如图 2-20、图 2-21 所示。

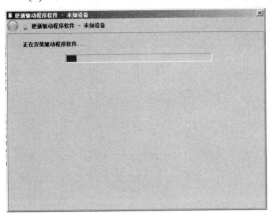

图 2-20　安装驱动

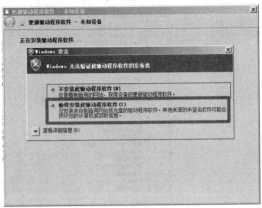

图 2-21　安装驱动

(5) 驱动安装完成，如图 2-22 所示。

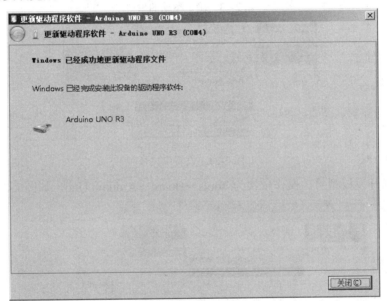

图 2-22　驱动安装完成

2.3.3　实现 Hello Arduino

就像大多数编程环境的学习过程一样，在学习的最初阶段都会编写一段类似"Hello world!"的代码，因此，我们也从这里开始编写第一段 Arduino 程序代码。

下面以 Arduino Uno R3 开发板和 IDE 1.0 开发环境为例，介绍 Hello Arduino 的实现。

首先把 Arduino Uno R3 与电脑连接，确保驱动已经安装成功。接下来有两个条件要设置：

(1) 串口选择。确定驱动的串口为 COM4，如图 2-23 所示。

打开 Arduino，依次选择 Tools→Serial Port→COM4，如图 2-24 所示。

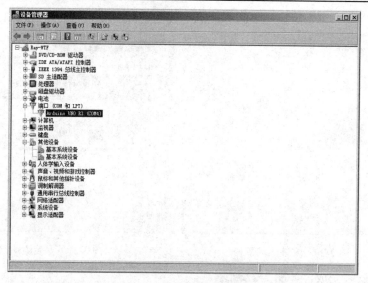

图 2-23 确定驱动的串口

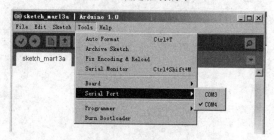

图 2-24 设置串口号

(2) 选择开发板型号。操作依次为 Tools→Board→Arduino Uno，如图 2-25 所示。

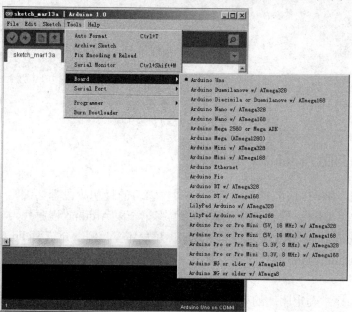

图 2-25 选择开发板型号

通过上面的设置，就可以正确连接 Arduino 开发板了。接下来我们通过一段程序来实现"Hello Arduino"。

先看如图 2-26 所示的一段代码。

图 2-26　编写代码

具体的代码为：

  void setup( )
  {
    Serial.begin(9600);   //初始化串口，设置串口波特率
  }
  void loop( )
  {
    Serial.println("Hello Arduino"); //打印 Hello Arduino
    delay(1000);   //延时 1000ms
  }

这段代码主要由两部分构成，分别是 setup( )函数和 loop( )函数。其中，setup( )函数起到的作用是系统的初始化，比如定义引脚、设置串口波特率等。loop( )函数中的内容是程序的主要控制代码，程序循环执行。

运行效果如图 2-27 所示，通过串口查看窗口可显示串口打印信息。

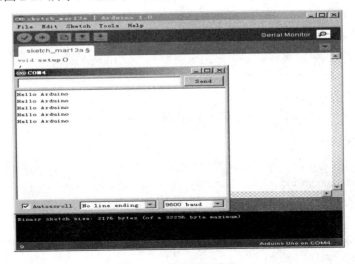

图 2-27　程序运行结果

2.4 Arduino 编程基础

Arduino 语言是建立在 C/C++ 基础上的，其实也就是基础的 C 语言。Arduino 语言不过是把 AVR 单片机(微控制器)的一些相关参数设置都函数化了。

Arduino 的程序可以划分为三个主要部分：结构、变量(变量与常量)、函数。

2.4.1 程序结构

在 Arduino 中，标准的程序入口 main 函数在内部被定义，用户只需要关心 setup( )和 loop( )两个函数即可。

1．setup( )函数

当 Arduino 板启动时 setup( )函数会被调用。它用来初始化变量、引脚模式、开始使用某个库等。该函数在 Arduino 板每次上电和复位时只运行一次。

示例：

```
int buttonPin = 3;                    //变量定义，并初始化
void setup()
{
    Serial.begin(9600);               //初始化串口，设置串口波特率
    pinMode(buttonPin, INPUT);        //设置引脚 3 为按键输入引脚
}
void loop()
{
    // ...
}
```

2．loop( )函数

loop( )函数在 setup( )函数之后创建。loop( )函数所做事的正如其名，连续循环，允许你的程序改变状态和响应事件。它可以用来实时控制 Arduino 板。

示例：

```
const int buttonPin = 3;
//初始化串口，并设置引脚 3 为按键输入引脚
void setup()
{
    Serial.begin(9600);
    pinMode(buttonPin, INPUT);
}
//循环检测引脚 3，并当按键按下时将值发送至串口
void loop()
```

```
    {
        if (digitalRead(buttonPin) == HIGH)
            Serial.write('H');
        else
            Serial.write('L');
        delay(1000);
    }
```

2.4.2 控制语句

1．if 语句

if 语句用来构建分支结构程序，经常与比较运算符结合使用，测试程序是否已达到某些条件。例如，测试一个输入数据是否在某个范围之外。if 语句的使用格式如下：

```
if (someVariable > 50)
{
    //这里加入你的代码
}
```

if 语句后面的大括号内如果只有一条执行语句，则大括号可以省略，这时该语句既可以换行书写，也可以不换行书写。例如下面这几种 if 语句，其书写格式都是正确的。

```
if (x > 120) digitalWrite(LEDpin, HIGH);

if (x > 120)
    digitalWrite(LEDpin, HIGH);

if (x > 120){ digitalWrite(LEDpin, HIGH); }

if (x > 120){
    digitalWrite(LEDpin1, HIGH);
    digitalWrite(LEDpin2, HIGH);
}
```

2．if...else 语句

与基本的 if 语句相比，由于允许多个测试组合在一起，if...else 可以使用更多的控制流。例如，可以测试一个模拟量输入，如果输入值小于 500，则采取一个动作；如果输入值大于或等于 500，则采取另一个动作。其代码如下：

```
if (pinFiveInput < 500)
{
    //动作 A
}
else
```

{
　　//动作 B
}

在 else 中还可以进行另一个 if 测试,这样多个相互独立的测试就可以同时进行。每一个测试一个接一个地执行,直到遇到一个测试为真为止。当发现一个测试为真时,与其关联的代码块就会执行,然后程序将跳到完整的 if...else 结构的下一行。如果没有一个测试被验证为真,且默认的 else 语句块如果存在的话,那么测试将被设为默认行为,并被执行。

注意:一个 else...if 语句块可能或者没有终止 else 语句块,同理。每个 else...if 允许有无限多个分支。

```
if (pinFiveInput < 500)
{
    //执行动作 A
}
else if (pinFiveInput >= 1000)
{
    //执行动作 B
}
else
{
    //执行动作 C
}
```

另外一种表达互斥分支测试的方式,是使用 switch...case 语句。

3. switch...case 语句

就像 if 语句,switch...case 语句通过允许程序员根据不同的条件指定不同的应被执行的代码来控制程序流。特别地,一个 switch 语句可使一个变量的值与 case 语句中指定的值进行比较。当一个 case 语句被发现其值等于该变量的值,程序就会运行这个 case 语句下的代码。

语法:

```
switch (var) {
    case label:
      //语句块
    break;
    case label:
      //语句块
    break;
    default:
      //语句块
    break;
}
```

参数：

var：与不同的 case 中的值进行比较的变量。

label：相应的 case 的值。

break 关键字用来中止并跳出 switch 语句段，常常用于每个 case 语句的末尾。如果没有 break 语句，switch 语句将继续执行下面的表达式（"持续下降"）直到遇到 break 而终止，或者是到达 switch 语句的末尾。

示例：

```
switch (var) {
    case 1:
        //当 var 的值等于 1 时，执行此处代码
        break;
    case 2:
        //当 var 的值等于 2 时，执行此处代码
        break;
    default:
        //当 var 的值与所有 case 后面的值都不匹配时，执行此处默认代码
        // default 代码段是可选的
        break;
}
```

注意，如果在 case 语句中需要声明变量，则需要添加相应的大括号，示例如下：

```
switch (var) {
    case 1:
    {           //此处括号不能省
                //当 var 的值等于 1 时，执行此处代码
        int a = 0;
        .......
        .......
    }           //此处括号不能省
    break;
    default:
                //当 var 的值与所有 case 后面的值都不匹配时，执行此处默认代码
                // default 代码段是可选的
    break;
}
```

4．while 语句

while 语句通常用来构造循环结构。循环将会连续地无限地循环，直到圆括号()中的表达式变为假。被测试的变量必须被改变，否则 while 循环将永远不会终止。比如一个递增

的变量，或者是一个外部条件。下面以测试一个传感器为例介绍 while 语句的用法。

语法：

```
while(expression) {
    //语句块
}
```

参数：

expression：一个(布尔型)C 语句，被求值为真或假。

示例：

```
var = 0;
while(var < 200){
    //此大括号内代码重复执行 200 次
    var++;   //var 的值增加 1
}
```

5. do...while 语句

do 循环与 while 循环使用相同方式工作，不同的是，条件是在循环的末尾被测试的，所以 do 循环至少会运行一次。

语法：

```
do
{
    //语句块;
} while (测试条件);
```

示例：

```
do
{
    delay(50);              //等待传感器稳定
    x = readSensors();      //读取传感器值
} while (x < 100)
```

6. for 语句

for 语句用于重复执行被花括号包围的语句块。一个增量计数器通常被用来递增和终止循环。for 语句对于任何需要重复的操作是非常有用的，常常与数组联合使用以收集数据/引脚。

for 循环的头部有三个部分，如图 2-28 所示，其语法格式如下：

```
for (循环变量初值; 循环条件判断;循环变量递增或递减)
{
    //语句块;
}
```

初始化部分被第一个执行，且只执行一次。每次通过这个循环，条件判断部分将被测试。如果为真，则语句块和数据递增部分就会被执行，然后条件判断部分会被再次测试；

当条件测试为假时,程序结束循环。

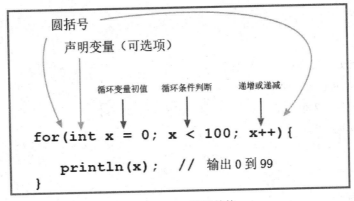

图 2-28 for 循环结构

示例:
```
//使用 PWM 引脚使 LED 灯闪烁
int PWMpin = 10;          // LED 在 10 号引脚串联一个 470Ω 的电阻

void setup()
{
                         //这里无需初始化条件
}

void loop()
{
    for (int i=0; i <= 255; i++){
        analogWrite(PWMpin, i);
        delay(10);
    }
}
```

提示:C 语言中的 for 循环比在其他计算机语言中发现的 for 循环要灵活得多,包括 Basic。for 循环的三个头元素中的任何一个或全部都可被省略,尽管分号必须有,而且初始化部分、条件判断部分和数据递增部分既可以是任何合法的使用任意变量的 C 语句,也可以是任何数据类型,包括 floats。这些不常用的类型用于语句段可以为一些罕见的编程问题提供解决方案。

例如,在递增部分使用一个乘法将形成对数级增长:
```
for(int x = 2; x < 100; x = x * 1.5){
        println(x);
}
```
输出:
2, 3, 4, 6, 9, 13, 19, 28, 42, 63, 94

再举一个例子，在一个 for 循环中定义使一个逐渐变亮和变暗的 LED 灯：

```
void loop()
{
    int x = 1;
    for (int i = 0; i > -1; i = i + x){
        analogWrite(PWMpin, i);
        if (i == 255) x = -1;          //在峰值切换方向
        delay(10);
    }
}
```

7. break 语句

break 用于终止 do、for 或 while 循环，绕过正常的循环条件。它也用于终止 switch 语句。

示例：

```
for (x = 0; x < 255; x ++)
{
    analogWrite(PWMpin, x);
    sens = analogRead(sensorPin);
    if (sens > threshold){             //跳出传感器检测
        x = 0;
        break;
    }
    delay(50);
}
```

8. continue 语句

continue 语句用于跳过一个循环的当前迭代的余下部分(do、for 或 while)。通过检查循环测试条件它将继续进行随后的迭代。

示例：

```
for (x = 0; x < 255; x ++)
{
    if (x > 40 && x < 120){            //跳过值为 41 到 119 之间的循环
        continue;
    }
    analogWrite(PWMpin, x);
    delay(50);
}
```

9. return 语句

终止一个函数，并向被调用函数返回一个值，也可以不带返回值，两种形式均可。

语法：
  return;   //不带返回值的形式

  return value;   //带返回值的形式

参数：

value：任何类型的变量或常量。

示例：

```
//一个函数，用于对一个传感器输入与一个阈值比较
int checkSensor( ){
    if (analogRead(0) > 400) {
        return 1;
    else{
        return 0;
    }
}
```

return 关键字对测试一段代码很方便，不需"注释掉"大段的可能是错误的代码。

```
void loop(){
    //在此做代码测试是聪明的做法
    return;
    //这里是功能不正常的代码
    //这里的代码永远不被执行
}
```

10. goto 语句

在程序中将程序流转移到一个标记点。

语法：

  label:

  goto label; //将程序流程转向 label 语句

提示：在 C 程序中不建议使用 goto，有一些 C 编程书的作者主张永远不要使用 goto 语句，但是明智地使用它可以简化某些代码。许多程序员不赞成使用 goto 的原因是：无节制地使用 goto 语句很容易产生执行流混乱，很难调试程序。尽管这样，仍然有很多使用 goto 语句而大大简化编码的实例。其中之一就是在某些条件下，goto 语句可以从一个很深的循环嵌套中或者是 if 逻辑块跳出去。

示例：

```
for(byte r = 0; r < 255; r++){
    for(byte g = 255; g > -1; g--){
        for(byte b = 0; b < 255; b++){
            if (analogRead(0) > 250){ goto bailout;}
            //更多的语句 ...
```

                }
            }
        }
        bailout:

2.4.3 相关语法

1. ; 分号

用于一个语句的结束。

示例：

  int a = 13;

提示：忘记在一行的末尾加一个分号将产生一个编译器错误。该错误信息可能是明显的，会提示丢失分号，但也许不是明显的，不会提示。如果出现一个不可理喻的或看起来不合逻辑的错误，那么首先要做的事就是检查分号是否丢失。编译器会在前一行的附近做出错误提醒。

2. { } 大括号

大括号(又称大括弧或花括号)是 C 语言的主要组成部分。它可以用在几个不同的结构中，比如函数的两端，if 语句中语句块的两端或者循环结构中语句块的两端。你可以把大括号括起来的几条语句当成一条语句来看待，这就是 C 语言中所说的复合语句。

一个左大括号必须与一个右大括号相对应。这是一个常被称为平衡括号的条件。Arduino IDE(集成开发环境)含有一个方便的检验平衡大括号的特性：只需选择一个大括号，甚至直接在一个大括号后面单击插入点，然后它的逻辑上的同伴就会高亮显示。

大括号的使用是多样的，当需要插入一个大括号时，直接在打出的左括号之后打出右括号即可。然后在大括号之间插入一些回车符，接着插入语句。这样可以避免出现括号不平衡的情况，也就是不至于漏掉该有的括号。

因为它的多样的使用，不平衡的大括号常常会导致古怪的、难以理解的编译器错误，有时在大型程序中很难查出。大括号对于程序的语法也是极其重要的，移动一个大括号中的一行或两行代码常常会显著地影响程序的意义。

大括号的主要用法如下：

(1) 函数：

  void myfunction(datatype argument){
    statements(s)
  }

(2) 循环体：

  while (boolean expression)
  {
    statement(s)
  }

```
do
{
    statement(s)
} while (boolean expression);

for (initialisation; termination condition; incrementing expr)
{
    statement(s)
}
```

(3) 分支结构：
```
if (boolean expression)
{
    statement(s)
}

else if (boolean expression)
{
    statement(s)
}
else
{
    statement(s)
}
```

3. // 或 /*...*/ 注释

注释是程序中的一些行，用于让自己或他人了解程序的工作方式。它们会被编译器忽略，不会被输出到控制器中，所以它们不会占用 Atmega 芯片上的任何空间。

注释的作用是帮助程序员理解(或记忆)自己的程序是怎样工作的，或者是告诉其他人程序员的程序是怎样工作的。标记一行代码的注释只有两种方式：

示例：
```
    x = 5;              //这是一个单行注释。此斜线后的任何内容都是注释
                        //直到该行的结尾


    /* 这是多行注释——用它来注释掉整个代码块
    if (gwb == 0){      //在多行注释中使用单行注释是没有问题的
        x = 3;          /* 但是其中不可以使用另一个多行注释——这不合法 */
    }                   //别忘了加上"关闭"注释符——它们必须成对使用
    */
```

提示：在实验代码时，通过"注释掉"部分程序来移除错误的行是一种方便的方法。这种方法不是把这些行从程序中删除了，而是把它们放到了注释中，让编译器忽略它们。

这种方法在定位问题时，或者当程序无法编译、通过，且编译错误信息很古怪或没有帮助时，特别有用。

4．#define 宏定义

宏定义是一个有用的 C 组件，它允许程序员在程序编译前给常量取一个名字。在 Arduino 中定义的常量不会在芯片中占用任何程序空间。编译器在编译时会将这些常量引用替换为定义的值。

这样做可能有害。举例来说，如果一个已被定义的常量名被包含在一些其他的常量或变量名中，那么该文本将被替换成被定义的数字(或文本)。

通常，用 const 关键字定义常量更受欢迎，且用来代替 #define 会很有用。

Arduino 宏定义与 C 宏定义有同样的语法。

语法：

#define constantName value

注意，# 不可缺。

示例：

#define ledPin 3

//编译器在编译时，会将出现 ledPin 的任何地方都替换为数字 3。

提示：#define 语句的后面没有分号。如果你加了一个分号，那么编译器将会在下一步的页面引发奇怪的错误。

define ledPin 3;   //此处因为加了分号而会导致错误

类似地，如果加了一个等号，那么通常也会在下一步的页面引发奇怪的编译错误。

#define ledPin = 3   //这里因为加了一个等号同样会导致错误

5．#include 包含(编译预处理)

#include 用于在用户的 sketch 中包含外部的库。这使程序员可以访问一个巨大的标准 C 库(预定义函数集合)的集合。

注意，#include 和 #define 相似，末尾不使用分号终止符。如果你加了分号，那么编译器会产生奇怪的错误信息。

示例：

#include <avr/pgmspace.h>

prog_uint16_t myConstants[ ] PROGMEM = {0, 21140, 702, 9128, 0, 25764, 8456, 0, 0, 0, 0, 0, 0, 0, 29810, 8968, 29762, 29762, 4500};

该示例包含一个用于输出数据到程序闪存空间的库，而不是内存。这样可以节省动态内存的存储空间，并且使需要创建巨大的查找表变得更实际。

2.4.4 算术运算

1．= 赋值运算(单个等号)

赋值运算符的含义是把等号右边的值存储到等号左边的变量中。

在 C 语言中，单个等号被称为赋值运算符。它与数学中等号的意义不同，后者象征等式或相等。赋值运算符的作用是告诉微控制器：求解值等号右边的变量或表达式，然后把结果存入等号左边的变量中。

示例：

  int sensVal;   //声明一个名为 sensVal 的变量

  sensVal = analogRead(0); //将 0 号模拟引脚的输入电压(数字的)值存储到 sensVal 中

提示：赋值运算符(=)左边的变量应当合理定义，使其大小能够足以容纳下等号右边的值。如果它不足以大到能容纳等号右边的值，那么将会导致存储在该变量中的值出现错误。

不要混淆赋值运算符 = (单个等号)和比较运算符 == (双等号)，后者用来判断两边的两个表达式的值是否相等。

2. +、−、*、/ 加减乘除运算

这些运算符(分别)返回两个运算对象的和、差、积、商。

操作的结果受运算对象的数据类型的影响。例如，如果 9 和 2 是整型数，则表达式 9 / 4 的结果是 2，小数部分将被舍弃。这也意味着，如果运算结果超出其在相应的数据类型下所能表示的数，那么运算会产生溢出。例如，给整型数值 32 767 加 1 结果将是 −32 768，因为整型数据在内存中占 2 个字节，其取值范围是 −32 768～32 767。如果运算对象是不同的类型，那么程序会用那个所占字节数较大的数据类型进行计算。例如，如果其中一个数字(即操作数)是 float 类型或 double 类型，那么程序将采用浮点数进行计算。

示例：

  y = y + 3;

  x = x − 7;

  i = j * 6;

  r = r / 5;

编程技巧：

➢ 要知道整型常量默认为 int 型，因此一些常量计算可能会溢出。例如：60 * 1000 将产生负的结果。

➢ 在使用变量时要选择一个大小足够大的数据类型，大到足以容纳可能接收的最大的计算结果。

➢ 不但要知道变量的值在哪一点将会"翻转"，还要知道在另一个方向上会发生什么。例如：(0～1)或(0～−32768)。

➢ 对于某些数学运算如果需要分数，那么就使用浮点变量，但是要注意浮点型变量的缺点：占用空间大，计算速度慢。

➢ 在需要的时候可以使用强制类型转换符。例如：(int)myFloat 可以在运行中将一个变量转换成另一个数据类型。

3. % 取模运算

取模运算符用于计算一个数除以另一个数的余数。这对于保持某个变量在一个特定的范围内很有用，例如数组的大小。

语法：

result = dividend % divisor

参数：

dividend：被除数

divisor：除数

result：余数

示例：

  x = 7 % 5; // x 的值为 2

  x = 9 % 5; // x 的值为 4

  x = 5 % 5; // x 的值为 0

  x = 4 % 5; // x 的值为 4

示例：

```
/* 通过循环结构每次更新数组中的一个值 */
int values[10];
int i = 0;
void setup() { }
void loop()
{
    values[i] = analogRead(0);
    i = (i + 1) % 10;    //通过取余运算循环获得变量值
}
```

提示：取模运算符不能用于浮点型数。

2.4.5 比较运算

if 语句常和比较运算符联合使用，用于测试某一条件是否到达。例如某个输入值是否超出 50，if 条件测试的格式是：

```
if (someVariable > 50)
{
    //在此加入你的代码
}
```

该程序测试 someVariable 的值是否大于 50。如果是，那么程序将执行特定的动作。换句话说，如果圆括号中的语句为真，大括号中的语句就会运行。否则，程序将跳过该代码。

if 语句后面的大括号内如果只有一条执行语句，则大括号可以省略，并且该语句既可以换行书写，也可以不换行书写。例如下面的几种 if 语句的书写格式都是正确的。

(1) 省略大括号的不换行书写：

  if (x > 120) digitalWrite(LEDpin, HIGH);

(2) 省略大括号的换行书写：

  if (x > 120)

    digitalWrite(LEDpin, HIGH);

(3) 带大括号的不换行书写：
    if (x > 120){ digitalWrite(LEDpin, HIGH); }

(4) 带大括号的换行书写：
```
if (x > 120){
    digitalWrite(LEDpin1, HIGH);
    digitalWrite(LEDpin2, HIGH);
}
```

比较运算符的含义如下：

    x == y   // (x 等于 y)
    x != y   // (x 不等于 y)
    x < y   // (x 小于 y)
    x > y   // (x 大于 y)
    x <= y   // (x 小于等于 y)
    x >= y   // (x 大于等于 y)

提示：偶然情况下会不小心使用单个等号，例如 if(x= 10)。单个等号是赋值运算符，这里代表为变量 x 的赋值为 10(将值 10 存入变量 x)。若改用双等号，例如 if (x == 10)，则表示比较运算，用于测试 x 的值是否等于 10。后一种写法只在 x 等于 10 时表达式的值为真，但是前一种写法表达式的值将总是为真。

根据 C 语言语法，语句 if(x=10)代表将 10 分配给 x(切记单个等号是赋值运算符)，因此 x 现在为 10。所以 "if" 中条件表达式的值为 10，且总是为真(这是因为在 C 语言中任何非零数值都代表真值)。由此，if (x = 10)圆括号中的值始终为真，这不是使用 if 语句所期望的结果。另外，变量 x 将被设置为 10，这也不是所期望的操作。

2.4.6 布尔运算

布尔运算包括逻辑与运算、逻辑或运算和逻辑非运算。它们都可用于 if 语句中的条件判断。

1．&& 逻辑与运算

该符号的含义是只有在两个操作数都为真时才返回真。例如：
```
if (digitalRead(2) == HIGH   && digitalRead(3) == HIGH) { // read two switches
    // ...
}
```
只在两个输入的数值都为 HIGH 时返回真。

2．|| 逻辑或运算

该符号的含义是参与运算的两个数，任意一个为真时返回真。例如：
```
if (x > 0 || y > 0) {
    // ...
}
```
x 或 y 任意一个大于 0 时返回真。

3．！逻辑非运算

该符号的含义是当操作数为假时返回真，反之亦然。例如：

```
if (!x) {
    // ...
}
```

若 x 为假，则返回真(即如果 x 等于 0，则返回非 0 值)

提示：布尔与运算符&&(两个与符号)和按位与运算符&(单个与符号)是完全不同的概念。按位与运算&(单个符号)是将两个数转换成二进制后，对对应的每一位二进制数逐个进行与运算。同样，不要混淆或运算符 ||(双竖杠)与按位或运算符 |(单竖杠)。

按位取反符～(波浪号)与布尔逻辑非运算符！(叹号)也有很大不同，在使用时一定要加以区别。

示例：

　　if (a >= 10 && a <= 20) {}　　//如果 a 的值在 10 到 20 之间，表达式的值为真

2.4.7 指针运算

指针运算包括&(取地址运算)和 *(取内容运算)。

指针对于 C 初学者来说是很复杂的对象之一，开发人员可能写了大量的 Arduino 程序都不会遇到指针。

无论如何，巧妙地控制特定的数据结构，并使用指针可以简化代码，而且拥有熟练控制指针的知识是很方便的。

鉴于本书的对象是初学者，且使用指针的场合并不多见，因此这里只是提及一下，不做进一步讲解。读者如果有兴趣，可以参看 C 语言教程中的相应内容。

2.4.8 位运算

本节涉及的运算符都是针对二进制数的每个二进制位的运算，而不是把整个二进制编码当成一个整体参与运算的。

1．& 按位与运算

在 C 语言中，按位与运算符是单个与符号&。

它用于两个二进制数的每个二进制位独立执行与运算的操作。运算遵循以下规则：如果两个输入位都是 1，那么结果将输出 1，否则输出 0。可以参看下面的例子：

```
    0 0 1 1     操作数 1
    0 1 0 1     操作数 2
    ---------------
    0 0 0 1     (操作数 1 & 操作数 2)——运算后得到的结果
```

在 Arduino 中，int 型是 16 位。所以在两个整型表达式之间使用&将会导致 16 个与运算同时发生。代码片断就像这样：

　　int a = 92;　　//对应的二进制：0000000001011100

　　　　int b = 101;　　　//对应的二进制：0000000001100101
　　　　int c = a & b;　　 //运算结果：　　0000000001000100，或 68(十进制)
　　a 和 b 对应的 16 位的二进制数如上面的代码注释所示，按位与运算是将两个数的每一位二进制数按位与处理。最后得到的 16 位结果以二进制形式表示为 0000000001000100，即十进制的 68。
　　按位与的一个最常用的用途是从一个整型数中选择特定的位，常被称为掩码屏蔽。

2．| 按位或运算

　　在 C 语言中按位或运算符是条垂直的竖线 | 。与 & 运算符类似，它用于两个二进制数每个二进制位上独立执行或运算的操作。运算遵循以下规则：
　　如果两个输入位都是 1，或者有一个为 1，那么结果输出 1，否则输出 0，也就是在全为 0 的情况下输出 0。示例：

```
    0  0  1  1      操作数 1
    0  1  0  1      操作数 2
    ---------------
    0  1  1  1      (操作数 1 | 操作数 2)——运算后得到的结果
```

将上面示例中 Arduino 程序代码中的运算换成 | 运算，形式如下：
　　　　int a = 92;　　　//对应的二进制：0000000001011100
　　　　int b = 101;　　　//对应的二进制：0000000001100101
　　　　int c = a | b;　　 //运算结果：　　0000000001111101，或 125(十进制)

　　在为 Arduino Uno 开发板编写程序代码时，按位与和按位或的一个共同的任务是在端口上进行程序员称之为读—改—写的操作。在微控制器中，一个端口是一个 8 位数字，它用于表示引脚状态。对端口进行写入能同时操作所有引脚。
　　PORTD 是一个内置的常数，是指 0、1、2、3、4、5、6、7 数字引脚的输出状态。如果某一位为 1，则对应管脚为 HIGH。此引脚需要先用 pinMode( ) 命令设置为输出，因此如果我们这样写：PORTD=B00110001，则引脚 2、3、7 状态为 HIGH。这里有个小陷阱，我们可能同时更改了引脚 0、1 的状态。引脚 0、1 是 Arduino 串行通信端口，因此这可能会干扰通信。
　　我们的算法程序是：
　　(1) 读取 PORT 并用按位与清除我们想要控制的引脚。
　　(2) 用按位或对 PORTD 和新的值进行运算。

```
    int i;              //计数器
    int j;
    void setup( )
    {
        DDRD = DDRD | B11111100;      //设置引脚 2~7 的方向，0、1 脚不变(xx|00==xx)
        //效果和将 pinMode(pin,OUTPUT) 2~7 脚设置为输出时一样
        serial.begin(9600);
    }
```

```
void loop ()
{
    for (i = 0; i < 64; i++){
        PORTD = PORTD & B00000011;      //清除2~7位,0、1保持不变(xx & 11 == xx)
        j = (i << 2);                    //将变量左移为2~7脚,避免0、1脚
        PORTD = PORTD | j;               //将新状态和原端口状态结合,以控制LED脚
        Serial.println(PORTD, BIN);      //输出掩盖以便调试
        delay(100);
    }
}
```

3. ^ 按位异或

在 C 语言中有一个不寻常的操作,它被称为按位异或,或者 XOR。按位异或运算的符号为 ^。该运算符与按位或运算符 | 非常相似,唯一的不同是,当输入位都为 1 时它返回 0。该运算符的特点是,参与运算的两个二进制位的值不相同时,计算结果为真,否则计算结果为假。因此,我们有时也称该运算为"不相等的判断"。

例如:

```
0  0  1  1      operand1
0  1  0  1      operand2
---------------
0  1  1  0      (operand1 ^ operand2) -- returned result
```

下面是一个简单的代码示例:

```
int x = 12;         //二进制:1100
int y = 10;         //二进制:1010
int z = x ^ y;      //二进制:0110,或十进制 6
```

^ 运算符常用于翻转整数表达式的某些位。例如从 0 变为 1,或从 1 变为 0。在一个按位异或操作中,如果相应的掩码位为 1,那么该位将翻转;如果为 0,则该位不变。以下是一个闪烁引脚 5 的程序:

```
// Blink_Pin_5
//演示"异或"
void setup(){
    DDRD = DDRD | B00100000;     //将数字脚5设置为输出
    serial.begin(9600);
}

void loop ()    {
    PORTD = PORTD ^ B00100000;   //反转第5位(数字脚5),其他保持不变
    delay(100);
}
```

4．~ 按位取反

按位取反在 C++ 语言中的形式是波浪号 ~。与 &(按位与)和 | (按位或)不同，按位取反运算符应用于其右侧的单个操作数。按位取反操作会翻转其中的每一位操作数：0 变为 1，1 变为 0。例如：

```
0  1              操作数 1
--------------
1  0     ~        操作数 1


int a = 103;      //二进制：0000000001100111
int b = ~a;       //二进制：1111111110011000 = –104
```

看到此操作的结果为一个负数：–104，你可能会感到惊讶，这是因为一个整型变量的最高位是所谓的符号位。如果最高位为 1，该整数被解释为负数。这里正数和负数的编码被称为二进制补码。欲了解更多信息，请参阅计算机基础相关课程中有关补码的概念。

顺便说一句，值得注意的是，对于任何整数 x 而言，~x 与 –x–1 都相等。

有时候，符号位在有符号的整数表达式中会引发一些意外。

5．<<　左移运算，>>　右移运算

在 C 语言中有两个移位运算符：左移运算符 << 和右移运算符 >>。这些运算符将使左边操作数的每一位左移，或右移其右边指定的位数。

语法：

variable <<　要移动的位数

variable >>　要移动的位数

参数：

variable: (byte, int, long) number_of_bits integer ← 32

示例：

```
int a = 5;        //二进制数：0000000000000101
int b = a << 3;   //二进制数：0000000000101000，或十进制数：40
int c = b >> 3;   //二进制数：0000000000000101，或者说回到开始时的 5
```

当你将 x 左移 y 位时(x<<y)，x 中最左边的 y 位会逐个地丢失：

```
int a = 5;        //二进制：0000000000000101
int b = a << 14;  //二进制：0100000000000000 // 101 中的第一个 1 被丢弃
```

如果你确定位移不会引起数据溢出，那么你可以简单地把左移运算当作对左运算元进行 2 的右运算元次方的操作。例如，要产生 2 的次方，可使用下面的程序：

```
1 << 0   ==   1
1 << 1   ==   2
1 << 2   ==   4
1 << 3   ==   8
...
```

```
1 << 8    == 256
1 << 9    == 512
1 << 10   == 1024
...
```

当你将 x 右移 y 位(x >> y)，如果 x 最高位是 1，那么位移结果将取决于 x 的数据类型。如果 x 是 int 类型，则最高位为符号位，那么就可以确定 x 是否是负数，正如我们上面的讨论。如果 x 类型为 int，则最高位是符号位，正如我们以前讨论过，符号位表示 x 是正还是负。在这种情况下，由于深奥的历史原因，符号位被复制到较低位：

```
X = -16;          //二进制：1111111111110000
Y = X >> 3;       //二进制：1111111111111110
```

这种结果，被称为符号扩展，往往不是你想要的结果。你可能希望左边被移入的数是 0。右移操作对无符号整型来说会有不同结果，你可以通过数据强制转换改变从左边移入的数据：

```
X = -16;                       //二进制：1111111111110000
int y = (unsigned int)x >> 3;  //二进制：0001111111111110
```

如果你能小心地避免符号扩展问题，你可以将右移操作当作对数据的除 2 运算。例如：

```
INT = 1000;
Y = X >> 3; 8 1000             // 1000 整除 8，使 y=125
```

2.4.9 复合运算符

++ 自增运算与 -- 自减运算分别表示递增和递减一个变量。
语法：

```
x++;      // x 自增 1 返回 x 的旧值
++x;      // x 自增 1 返回 x 的新值

x--;      // x 自减 1 返回 x 的旧值
--x;      // x 自减 1 返回 x 的新值
```

参数：
x：int 或 long(可能是 unsigned)
示例：

```
x = 2;
y = ++x;     //现在 x=3, y=3
y = x--;     //现在 x=2, y 还是 3
```

复合加 +=

```
i += 5;      //相当于 i = i + 5;
```

复合减 -=

```
i -= 5;      //相当于 i = i - 5;
```

复合乘 *=
 i *= 5;   //相当于 i = i * 5;

复合除 /=
 i /= 5;   //相当于 i = i / 5;

复合与 &=
 i &= 5;   //相当于 i = i & 5;

复合或 |=
 i |= 5;   //相当于 i = i | 5;

2.4.10 常量与变量

1. 常量 constants

constants 是 Arduino 语言里预定义的变量，其作用是使程序更易阅读。下面将常量按组分类进行介绍。

1) 逻辑层定义，true 与 false(布尔常量)

在 Arduino 内有两个常量用来表示真和假：true 和 false。在这两个常量中 false 更容易被定义。false 被定义为 0(零)。

true 通常被定义为 1，这是正确的，但 true 具有更广泛的定义。在布尔含义里任何非零整数都为 true。所以在布尔含义内 −1、2 和 −200 都定义为 ture。需要注意的是，true 和 false 的写法，不同于 HIGH、LOW、INPUT 和 OUTPUT，需要全部小写。

这里引申一点题外话，Arduino 语言对大小写很敏感，在编写程序时一定要注意字母的大小写。

2) 引脚电压定义，HIGH 和 LOW

当读取(read)或写入(write)数字引脚时只有两个可能的值：HIGH 和 LOW。

HIGH(参考引脚)的含义取决于引脚(pin)的设置，引脚定义为 INPUT 或 OUTPUT 时含义有所不同。当一个引脚通过 pinMode 被设置为 INPUT，并通过 digitalRead 读取(read)时，如果当前引脚的电压大于等于 3V，微控制器将会返回一个 HIGH 值。引脚也可以通过 pinMode 被设置为 INPUT，通过 digitalWrite 被设置为 HIGH。输入引脚的值将被一个内在的 20 kΩ 上拉电阻控制在 HIGH 上，除非一个外部电路将其拉低到 LOW。当一个引脚通过 pinMode 被设置为 OUTPUT，并且 digitalWrite 被设置为 HIGH 时，引脚的电压应为 5 V。在这种状态下，它可以输出电流。例如，点亮一个通过一串电阻接地或设置为 LOW 的具有 OUTPUT 属性引脚的 LED。

LOW 的含义同样取决于引脚设置，引脚定义为 INPUT 或 OUTPUT 时含义有所不同。当一个引脚通过 pinMode 被设置为 INPUT，通过 digitalRead 被设置为读取(read)时，如果当前引脚的电压小于等于 2 V，那么微控制器将返回一个 LOW 值。当一个引脚通过 pinMode 被设置为 OUTPUT，并通过 digitalWrite 被设置为 LOW 时，引脚为 0 V。在这种状态下，它可以倒灌电流。例如，点亮一个通过串联电阻可以连接到 +5 V，或连接到另一个引脚为 OUTPUT、HIGH 的 LED。

3) 数字引脚(Digital Pins)定义，INPUT 和 OUTPUT

INPUT 或 OUTPUT 都可以被当作数字引脚。用 pinMode( )方法可以使一个数字引脚从 INPUT 到 OUTPUT 发生变化。

(1) 配置引脚(Pins)为输入(Inputs)。

Arduino(Atmega)引脚通过 pinMode( )方法可以配置为输入(INPUT)，即将其配置为一个高阻抗的状态。配置为 INPUT 的引脚可以理解为引脚取样时对电路有极小的需求，即等效于在引脚前串联一个 100 兆欧姆(Megohms)的电阻。这使得它们非常利于读取传感器，而不是为 LED 供电。

(2) 配置引脚(Pins)为输出(Outputs)。

引脚通过 pinMode( )方法可被配置为输出(OUTPUT)，即将其配置为一个低阻抗的状态。这意味着它们可以为电路提供充足的电流。Atmega 引脚可以向其他设备/电路提供(提供正电流)或倒灌(提供负电流)高达 40 mA 的电流。这使得它们有利于给 LED 供电，而不是读取传感器。输出(OUTPUT)引脚在短路的接地或 5 V 电路上会受到损坏甚至烧毁。Atmega 引脚在为继电器或电机供电时，由于电流不足，需要通过一些外接电路来实现供电。

4) 整数常量

整数常量是直接在程序中使用的数字，如 123。默认情况下，这些数字被视为 int，但你可以通过 U 和 L 修饰符对其进行更多的限制(见下文)。通常情况下，整数常量默认为十进制，但可以为其加上特殊的前缀使其变为其他进制，如表 2-1 所示。

表 2-1 进制对照表

进制	例子	格式	备注
10(十进制)	123	无	
2(二进制)	B1111011	前缀 B	只适用于 8 位的值(0~255)，字符 0~1 有效
8(八进制)	0173	前缀 0	字符 0~7 有效
16(十六进制)	0x7B	前缀 0x	字符 0~9，A~F 有效

小数是十进制数，这是数学常识。如果一个数没有特定的前缀，则默认为十进制。二进制以 2 为基底，只有数字 0 和 1 是有效的。

示例：

    101   //和十进制 5 等价 (1*2^2 + 0*2^1 + 1*2^0)

二进制格式只能是 8 位的，即只能表示 0~255 之间的数。如果输入二进制数更方便的话，你可以用以下方式：

    myInt = (B11001100 * 256) + B10101010;   //B11001100 作为高位。

八进制是以 8 为基底，只有 0~7 是有效的字符。前缀 0 表示该值为八进制。

    0101   //等同于十进制数 65   ((1 * 8^2) + (0 * 8^1) + 1)

提示：八进制数 0 前缀很可能产生很难发现的错误，因为你可能不小心在常量前加了一个 0，结果就悲剧了。十六进制以 16 为基底，有效的字符为 0~9 和 A~F。十六进制数用前缀 0x 表示。请注意，A~F 不区分大小写，就是说你也可以用 a~f。

示例：

```
0x101      //等同于十进制 257    ((1 * 16^2) + (0 * 16^1) + 1)
```

U & L 格式：

默认情况下，整型常量被视作 int 型。要将整型常量转换为其他类型时，必须遵循以下规则：

(1) u 或 U 指定一个常量为无符号型(只能表示正数和 0)。例如：33u。
(2) l 或 L 指定一个常量为长整型(表示数的范围更广)。例如：100000L。
(3) ul 或 UL 这个你懂的，就是上面两种类型，称作无符号长整型。例如：32767ul

5) 浮点常量

和整型常量类似，浮点常量可以使代码更具可读性。浮点常量在编译时被转换为其表达式所取的值，如表 2-2 所示。

表 2-2 浮点数的转换

浮点数	可转换为	可转换为
10.0		10
2.34E5	2.34 * 10^5	234000
67E–12	67.0 * 10^–12	0.000000000067

示例：
```
    n = .005;      //浮点数可以用科学计数法表示。E 和 e 都可以作为有效的指数标识。
```

2．数据类型

1) void

void 只用在函数声明中。它表示该函数不会返回任何数据到它被调用的函数中。

示例：
```
    //功能在 setup 和 loop 被执行
    //但没有数据被返回到高一级的程序中
    void setup( )
    {
       // ...
    }
    void loop( )
    {
       // ...
    }
```

2) boolean

boolean 表示一个布尔变量拥有两个值：true 和 false。每个布尔变量占用一个字节的内存。

示例：
```
    int LEDpin = 5;           // LED 与引脚 5 相连
    int switchPin = 13;       //开关的一个引脚连接引脚 13，另一个引脚接地。
```

```
boolean running = false;

void setup()
{
    pinMode(LEDpin, OUTPUT);
    pinMode(switchPin, INPUT);
    digitalWrite(switchPin, HIGH);        //打开上拉电阻
}

void loop()
{
    if (digitalRead(switchPin) == LOW)
    {                                     //按下开关，使引脚拉向高电势
        delay(100);                       //通过延迟，以滤去开关抖动产生的杂波
        running = !running;               //触发 running 变量
        digitalWrite(LEDpin, running)     //点亮 LED
    }
}
```

3) char

char 作为一个数据类型，表示占用 1 个字节的内存存储一个字符值。字符都写在单引号内，如 'A'。多个字符(字符串)使用双引号，如 "ABC"。

字符以编号的形式存储。你可以在 ASCII 表中看到对应的编码。这意味着字符的 ASCII 值可以用作数学计算。例如 'A' + 1，因为大写 A 的 ASCII 值是 65，所以结果为 66。如何将字符转换成数字，可参考 serial.println 命令。

char 数据类型是有符号的类型，这意味着它的编码为 −128 到 127。对于一个无符号一个字节(8 位)的数据类型，可使用 byte 数据类型进行编码。

示例：

```
char myChar = 'A';
char myChar = 65;        // both are equivalent
```

4) unsigned char

unsigned char 表示一个无符号数据类型占用 1 个字节的内存。它与 byte 的数据类型相同。

无符号的 char 数据类型能编码 0~255 的数字。

为了保持 Arduino 的编程风格的一致性，byte 数据类型是编码的首选。

示例：

```
unsigned char myChar = 240;
```

5) byte

byte 表示一个字节存储 8 位无符号数，从 0~255。

示例：
  byte b = B10010; // B 是二进制格式(B10010 等于十进制 18)

6) int

int 表示整数是基本数据类型，占用 2 字节。整数的范围为 −32 768~32 767，即 −2^{15}~2^{15} − 1。

整数类型使用 2 的补码方式存储负数。最高位通常为符号位，表示数的正负。其余位被"取反加 1"(此处请参考补码相关资料，不再赘述)。

语法：
  int var = val;

参数：

var：变量名。

val：赋给变量的值。

示例：
  int ledPin = 13;

提示：当变量数值过大而超过整数类型所能表示的范围时(−32 768~32 767)，变量值会"回滚"(详情见示例)。

  int x

  x = -32 768;

  x = x - 1; // x 现在是 32 767。

  x = 32 767;

  x = x + 1; // x 现在是 −32 768。

7) unsigned int

unsigned int(无符号整型)与整型数据同样大小，占据 2 字节。它只能用于存储正数而不能存储负数，范围为 0~65 535，即(2^{16}) − 1。

无符号整型和整型最重要的区别是它们的最高位不同，即符号位。在 Arduino 整型类型中，如果最高位是 1，则此数被认为是负数，剩下的 15 位则按 2 的补码计算所得值。

语法：
  unsigned int var = val;

参数：

var：无符号变量名称。

val：给变量所赋予的值。

示例：
  unsigned int ledPin = 13;

提示：当变量的值超过它能表示的最大值时它会"滚回"最小值，反向也会出现这种现象。

  unsigned int x

  x = 0;

```
        x = x - 1;              //x 现在等于 65535——向负数方向滚回
        x = x + 1;              //x 现在等于 0——滚回
```

8) word

word 表示存储一个 16 字节无符号数的字符,取值范围从 0 到 65 535,与 unsigned int 相同。

示例:

```
        word w = 10000;
```

9) long

长整数型变量是扩展的数字存储变量,它可以存储 32 位(4 字节)大小的变量,从 −2 147 483 648 到 2 147 483 647。

语法:

```
        long var = val;
```

参数:

var:长整型变量名。

var:赋给变量的值。

示例:

```
        long speedOfLight = 186000L;        //参见整数常量 L 的说明
```

10) unsigned long

无符号长整型变量扩充了变量容量以存储更大的数据,它能存储 32 位(4 字节)数据。与标准长整型不同,无符号长整型无法存储负数,其范围从 0 到 4 294 967 295($2 \wedge 32 - 1$)。

语法:

```
        unsigned long var = val;
```

参数:

var:你所定义的变量名。

val:给变量所赋的值。

示例:

```
        unsigned long time;

        void setup()
        {
            Serial.begin(9600);
        }

        void loop()
        {
            Serial.print("Time: ");
            time = millis();
            //程序开始后一直打印时间
```

```
        Serial.println(time);
    //等待一秒钟，以免发送大量的数据
        delay(1000);
}
```

11) float

float，浮点型数据，即有一个小数点的数字。浮点数经常被用来近似地模拟连续值，因为它们比整数有更大的精确度。浮点数的取值范围在 3.4028235 E+38 ~ –3.4028235E +38。它被存储为 32 位(4 字节)的信息。

float 只有 6~7 位有效数字。这指的是总位数，而不是小数点右边的数字。与其他平台不同的是，在 Arduino 上，你也可以使用 double 型数据得到更精确的结果(如 15 位)，double 型与 float 型的大小相同。

浮点数字在有些情况下是不准确的，在比较数据大小时，可能会产生奇怪的结果。例如 6.0 / 3.0 可能不等于 2.0。这时应该使两个数字之间的差额的绝对值小于一些小的数字，这样就可以近似地得到这两个数字相等的结果。

浮点运算速度远远慢于执行整数运算。例如，如果这个循环有一个关键的计时功能，并需要以最快的速度运行，就应该避免使用浮点运算。程序员经常使用较长的程式把浮点运算转换成整数运算来提高速度。

例如以下代码：

```
    float myfloat;
    float sensorCalbrate = 1.117;
```

语法：

```
    float var = val;
```

参数：

var：float 型变量名称。

val：分配给该变量的值。

示例：

```
    int x;
    int y;
    float z;

    x = 1;
    y = x / 2;               // Y 为 0, 因为整数不能容纳分数
    z = (float)x / 2.0;      // Z 为 0.5(必须使用 2.0 做除数，而不是 2)
```

12) double

double 表示双精度浮点数，占用 4 个字节。

目前的 Arduino 上的 double 实现和 float 相同，精度并未提高。

提示：如果你从其他地方得到的代码中包含了 double 类变量，那么最好检查一遍代码以确认其中的变量的精确度能否在 Arduino 上达到。

13) string

字符串可以有两种表现形式。你可以使用字符串数据类型(这是 0019 版本的核心部分)，或者你也可以做一个字符串，由 char 类型的数组和空终止字符(\0)构成。下面描述了后一种方法，而字符串对象(String object，见下面内容介绍)在让你拥有更多的功能的同时，也将消耗更多的内存资源。

示例：以下所有字符串都是有效的声明。

  char Str1[15];
  char Str2[8] = {'a', 'r', 'd', 'u', 'i', 'n', 'o'};
  char Str3[8] = {'a', 'r', 'd', 'u', 'i', 'n', 'o', '\0'};
  char Str4[ ] = "arduino";
  char Str5[8] = "arduino";
  char Str6[15] = "arduino";

声明字符串的解释：

➢ 在 Str1 中声明一个没有初始化的字符数组。

➢ 在 Str2 中声明一个字符数组(包括一个附加字符)，编译器会自动添加所需的空字符。

➢ 在 Str3 中明确加入空字符。

➢ 在 Str4 中用引号分隔初始化的字符串常数，编译器将调整数组的大小，以适应字符串常量和终止空字符。

➢ 在 Str5 中初始化一个包括明确的尺寸和字符串常量的数组。

➢ 在 Str6 中初始化数组，预留额外的空间用于一个较大的字符串。

(1) 空终止字符。

一般来说，字符串的结尾有一个空终止字符(ASCII 代码 0)。以此让功能函数(例如 Serial.pring( ))知道一个字符串的结束。否则，它们将从内存继续读取后续字节，而这些并不是需要的字符串。

这意味着，你的字符串比你想要的文字包含了更多的字符空间。这就是为什么 Str2 和 Str5 需要八个字符，即使 Arduino 只有七个字符——最后一个位置会自动填充空字符。Str4 将自动调整为八个字符，包括一个额外的空。在 Str3 中，已经明确地包含了空字符(写入\0)。

需要注意的是，字符串可能没有一个最后的空字符(例如在 Str2 中已定义了字符的长度为 7，而不是 8)。这会破坏大部分使用字符串的功能，所以不要故意为之。如果你注意到一些奇怪的现象(在字符串中操作字符)，基本就是这个原因导致的了。

(2) 单引号，还是双引号？

定义字符串时使用双引号(例如"ABC")，定义一个单独的字符时使用单引号(例如 'A')。

(3) 包装长字符串。

你可以像这样打包长字符串： char myString[ ] = "This is the first line" "this is the second line" "etcetera"。

(4) 字符串数组。

当你的应用含有大量的文字时，例如带有液晶显示屏的一个项目，建立一个字符串数组是非常便利的。因为字符串本身就是数组，它实际上是一个两维数组的典型。

在下面的代码中，在字符数据类型 char 后面跟了一个星号 *，它表示这是一个"指针"

数组。所有的数组名实际上都是指针,所以这需要一个数组的数组。指针对于 C 语言初学者而言是非常深奥的部分之一,但即使我们要有效地应用它,也没有必要详细了解指针。

示例:

```
char* myStrings[ ]={
    "This is string 1", "This is string 2", "This is string 3",
    "This is string 4", "This is string 5","This is string 6"};

void setup( ){
    Serial.begin(9600);
}

void loop( ){
    for (int i = 0; i < 6; i++){
        Serial.println(myStrings[i]);
        delay(500);
    }
}
```

14) String object

String 类,是 0019 版的核心的一部分,允许你实现比运用字符数组更复杂的文字操作。使用它可以连接字符串、增加字符串、寻找和替换子字符串等。它比使用一个简单的字符数组需要的内存更多,但它更方便。

仅供参考,字符串数组都用小写的 string 表示,而 String 类的实例通常用大写的 String 表示。注意,在双引号内指定的字符常量通常被作为字符数组,而并非作为 String 类实例。

(1) 函数。
- String
- charAt( )
- compareTo( )
- concat( )
- endsWith( )
- equals( )
- equalsIgnoreCase( )
- GetBytes( )
- indexOf( )
- lastIndexOf
- length
- replace( )
- setCharAt( )
- startsWith( )

- substring( )
- toCharArray( )
- toLowerCase( )
- toUpperCase( )
- trim( )

(2) 操作符。
- [ ](元素访问)
- +(串联)
- ==(比较)

(3) 举例。
- StringConstructors
- StringAdditionOperator
- StringIndexOf
- StringAppendOperator
- StringLengthTrim
- StringCaseChanges
- StringReplace
- StringCharacters
- StringStartsWithEndsWith
- StringComparisonOperators
- StringSubstring

15) Arrays

Arrays(数组)是一种可访问的变量的集合。Arduino 的数组是基于 C 语言的，因此这会变得很复杂，但使用简单的数组是比较简单的。

(1) 创建(声明)一个数组。

下面的方法都可以用来创建(声明)一个数组。

  myInts [6];

  myPins [] = {2, 4, 8, 3, 6};

  mySensVals [6] = {2, 4, -8, 3, 2};

  char message[6] = "hello";

在 myPins 中，如果声明了一个没有明确大小的数组，那么编译器将会计算元素的大小，并创建一个适当大小的数组。

当然，你也可以初始化数组的大小，例如在 mySensVals 中。请注意，当声明一个 char 类型的数组时，你的初始化的大小必须大于元素的个数，这样才能容纳所需的空字符。

(2) 访问数组。

数组是从零开始索引的，也就说，上面所提到的数组初始化，数组第一个元素是索引 0，因此：

  mySensVals [0] == 2, mySensVals [1] == 4,

以此类推。

这也意味着,在包含十个元素的数组中,索引 9 是最后一个元素。因此,

    int myArray[10] = {9, 3, 2, 4, 3, 2, 7, 8, 9, 11};

    // myArray[9]的数值为 11

    // myArray[10],该索引是无效的,它将会是任意的随机信息(内存地址)

出于这个原因,你在访问数组时应该小心。若访问的数据超出数组的末尾(即索引数大于你声明的数组的大小 −1),则程序将从其他内存中读取数据。从这些地方读取的数据,除了产生无效的数据外,没有任何作用。向随机存储器中写入数据绝对是一个坏主意,通常会导致系统崩溃或程序故障。要排查这样的错误是一件难事。不同于 Basic 或 Java,C 语言编译器不会检查你访问的数组是否大于你声明的数组。

指定一个数组的值格式如下:

    mySensVals [0] = 10;

从数组中访问一个值格式如下:

    x = mySensVals [4];

(3) 数组和循环。

数组往往在 for 循环中进行操作,循环计数器可用于访问每个数组元素。例如,将数组中的元素通过串口打印,你可以这样做:

```
int i;
for (i = 0; i < 5; i = i + 1)
{
    Serial.println(myPins[i]);
}
```

3. 数据类型转换

1) char( )

char( )表示将一个变量的类型变为 char。

语法:

    char(x)

参数:

x:任何类型的值。

返回值:char 类型的值。

2) byte( )

byte( )表示将一个值转换为字节型数值。

语法:

    byte(x)

参数:

x:任何类型的值

返回值:字节类型的值。

3) int( )

int( )表示将一个值转换为 int 类型。

语法：

    int(x)

参数：

x：一个任何类型的值。

返回值：int 类型的值。

4) word( )

word( )表示把一个值转换为 word 数据类型的值，或由两个字节创建一个字符。

语法：

  word(x)

  word(h, l)

参数：

x：任何类型的值。

h：高阶(最左边)字节。

l：低序(最右边)字节。

返回值：字符类型的值。

5) long( )

long( )表示将一个值转换为长整型数据类型。

语法：

    long(x)

参数：

x：任意类型的数值。

返回值：长整型数。

6) float( )

float( )表示将一个值转换为 float 型数值。

语法：

    float(x)

参数：

x：任何类型的值。

返回值：float 型数。

4．变量作用域 & 修饰符

1) 变量的作用域

在 Arduino 中使用的 C 编程语言的变量，有一个名为作用域(scope)的属性。这一点与类似的 Basic 语言形成了对比，在 Basic 语言中所有变量都是全局(global)变量。

在一个程序内的全局变量可以被所有函数调用。局部变量只在声明它们的函数内可见。在 Arduino 的环境中，任何在函数外声明的变量，都是全局变量。

当程序变得更大更复杂时，局部变量是一个有效确定每个函数只能访问其自己变量的途径。这可以防止当一个函数无意中修改另一个函数使用的变量时产生的程序错误。

有时在一个 for 循环内声明并初始化一个变量也是很方便的选择。它将创建一个只能从 for 循环的括号内访问的变量。

示例：

```
int gPWMval;        //任何函数都可以调用此变量

void setup( )
{
   // ...
}

void loop( )
{
   int i;          // "i" 只在 "loop" 函数内可用
   float f;        // "f" 只在 "loop" 函数内可用
   // ...

   for (int j = 0; j <100; j++){
       //变量 j 只能在循环括号内访问
   }
}
```

2) Static

Static 关键字用于创建只对某一函数可见的变量。然而，和局部变量不同的是，局部变量在每次调用函数时都会被创建和销毁，静态变量在函数调用后仍然保持着原来的数据。

静态变量只会在函数第一次调用时被创建和初始化。

示例：

```
/* RandomWalk
* Paul Badger 2007
* RandomWalk 函数在两个终点间随机地上下移动
* 在一个循环中最大的移动由参数 stepsize 决定
*一个静态变量向上和向下移动一个随机量
*这种技术也被叫做"粉红噪声"或"醉步"
*/

#define randomWalkLowRange –20
#define randomWalkHighRange 20
```

```
    int stepsize;

    INT thisTime;
    int total;

    void setup()
    {
        Serial.begin(9600);
    }

    void loop()
    {                           //测试 randomWalk 函数
        stepsize = 5;
        thisTime = randomWalk(stepsize);
        serial.println(thisTime);
        delay(10);
    }

    int randomWalk(int moveSize){
        static int   place;      //在 randomwalk 中存储变量声明为静态，因此它在函数调用之间
                                 //能保持数据，但其他函数无法改变它的值

        place = place + (random(-moveSize, moveSize + 1));

        if (place < randomWalkLowRange){                    //检查上下限
            place = place + (randomWalkLowRange - place);   //将数字变为正方向
        }
        else if(place > randomWalkHighRange){
         place = place - (place - randomWalkHighRange);     //将数字变为负方向
        }
        return place;
    }
```

3) volatile 关键字

volatile 关键字是变量修饰符，常用在变量类型的前面，以告诉编译器和接下来的程序怎么对待这个变量。

声明一个 volatile 变量的是编译器的一个指令。编译器是一个将你的 C/C++代码转换成机器码的软件，机器码是 Arduino 上的 Atmega 芯片能识别的真正指令。

具体来说，它指示编译器从 RAM 而非存储寄存器中读取变量。存储寄存器是程序存

储和操作变量的一个临时地方。在某些情况下，存储在寄存器中的变量值可能不准确。

如果一个变量所在的代码段会意外地导致变量值改变，那么该变量应声明为 volatile，比如并行多线程等。在 Arduino 中，唯一可能发生这种现象的地方是在和中断有关的代码段，该代码段变成了中断服务程序。

示例：

```
//当中断引脚改变状态时，开闭 LED
int pin = 13;
volatile int state = LOW;

void setup()
{
    pinMode(pin, OUTPUT);
    attachInterrupt(0, blink, CHANGE);
}

void loop()
{
    digitalWrite(pin, state);
}

void blink()
{
    state = !state;
}
```

4) const 关键字

const 关键字代表常量。它是一个变量限定符，用于修改变量的性质，使其变为只读状态。这意味着该变量可以像其他任何相同类型的变量一样被使用，但不能改变其值。如果尝试为一个 const 变量赋值，编译时将会报错。

const 关键字定义的常量，遵守 variable scoping 管辖的其他变量的规则。这一点与使用#define 的缺陷一起，是 const 关键字成为定义常量的一个的首选方法。

示例：

```
const float pi = 3.14;
float x;

// ....

x = pi * 2;        //在数学表达式中使用常量不会报错
```

```
        pi = 7;        //错误的用法——你不能修改常量值，或给常量赋值。
        #define 或 const
```
可以使用 const 或 #define 创建数字或字符串常量。但对于 arrays 而言，你只能使用 const。一般与 const 相对的 #define 是首选的定义常量的语法。

5．辅助工具

sizeof 操作符表示返回一个变量类型的字节数，或者返回该数在数组中占有的字节数。

语法：

  sizeof(variable)

参数：

variable：任何变量类型或数组，如 int、float、byte。

示例：

sizeof 操作符用来处理数组非常有效，它能很方便地改变数组的大小而不用破坏程序的其他部分。下面这个程序是一次打印出一个字符串文本的字符：

```
        char myStr[] = "this is a test";
        int i;

        void setup(){
            Serial.begin(9600);
        }

        void loop() {
            for (i = 0; i < sizeof(myStr) - 1; i++)
            {
                Serial.print(i, DEC);
                Serial.print(" = ");
                Serial.println(myStr[i], BYTE);
            }
        }
```

注意，sizeof 返回的是字节数总数。因此，较大的变量类型，如整数，在 for 循环中也有同样的效果：

```
        for (i = 0; i < (sizeof(myInts)/sizeof(int)) – 1; i++)
        {
            //用 myInts[i]来做些事
        }
```

2.5　Arduino 的基本函数

Arduino 编程以 C 语言语法为基础，而 C 语言是一种结构化编程语言。所谓结构化编程语言可以理解为：程序可以分解为一个个的功能模块，每个功能模块实现特定的功能，最终的程序是把这些功能模块合理地组织起来，就像搭积木那样来组建程序，最终实现想要的结果。而这些功能模块，最主要的就是函数。就像前面讲述 Arduino 的程序结构那部分介绍的那样，Arduino 用两个最重要的函数来构成程序的基本框架。在 Arduino 板启动时，setup( ) 函数会被调用，用它来初始化变量、引脚模式、开始使用某个库等。在 setup( ) 函数之后创建的 loop( ) 函数，通过不断的连续循环，允许程序改变状态和响应事件，用它来实时控制 Arduino 板。通常情况下，仅有这两个函数是远远不够的，要想让 Arduino 运转起来，还需要很多其他的函数的协同工作才能实现各种不同的需求。下面就来介绍一些 Arduino 提供的基本函数。

2.5.1 数字 I/O 函数

1．pinMode( )

将指定的引脚配置成输出或输入。

语法：

    pinMode(pin, mode)

参数：

pin：要设置模式的引脚。

mode：INPUT 或 OUTPUT。

返回值：无。

示例：

```
ledPin = 13                    // LED 连接到数字脚 13

void setup( )
{
    pinMode(ledPin，OUTPUT);    //设置数字脚为输出
}

void loop( )
{
    digitalWrite(ledPin，HIGH);  //点亮 LED
    delay(1000);                 //等待一秒
    digitalWrite(ledPin, LOW);   //灭掉 LED
    延迟(1000);                  //等待第二个
}
```

提示：模拟输入脚也能当作数字脚使用，参加 A0、A1 等。

2．digitalWrite( )

给一个数字引脚写入 HIGH 或者 LOW。

如果一个引脚已经使用 pinMode()被配置为 OUTPUT 模式，那么其电压将被设置为相

应的值，HIGH 为 5 V(3.3 V 控制板上为 3.3 V)，LOW 为 0 V。

如果引脚配置为 INPUT 模式，当使用 digitalWrite( )写入 HIGH 值时，将启动内部 20k 上拉电阻；写入 LOW 将会禁用上拉。上拉电阻可以点亮一个 LED，让其发亮。如果 LED 工作，但是亮度很低，补救的办法是使用 pinMode( )函数将引脚设置为输出。

注意：数字 13 号引脚难以作为数字输入使用，因为大部分的控制板上使用了一颗与一个电阻连接的 LED。如果启动了内部的 20 kΩ 上拉电阻，它的电压将在 1.7 V 左右，而不是正常的 5 V，因为板载 LED 串联的电阻使它降了下来，这意味着它返回的值总是 LOW。如果必须使用数字 13 号引脚的输入模式，就需要使用外部上拉的下拉电阻。

语法：

    digitalWrite(pin, value)

参数：

pin：引脚编号(如 1、5、10、A0、A3)。

value：HIGH 或 LOW。

返回值：无。

示例：

```
int ledPin = 13;                          // LED 连接到数字 13 号端口

void setup()
{
    pinMode(ledPin, OUTPUT);              //设置数字端口为输入模式
}

void loop()
{
    digitalWrite(ledPin, HIGH);           //使 LED 亮
    delay(1000);                          //延迟一秒
    digitalWrite(ledPin, LOW);            //使 LED 灭
    delay(1000);                          //延迟一秒
}
```

13 号端口设置为高电平，延迟一秒，然后设置为低电平。

提示：模拟引脚也可以当作数字引脚使用，使用方法是输入端口 A0、A1、A2 等。

3. digitalRead( )

读取指定引脚的值，HIGH 或 LOW。

语法：

    digitalRead(PIN)

参数：

pin：你想读取的引脚号(int)。

返回值：HIGH 或 LOW。

示例：
```
    ledPin = 13                    // LED 连接到 13 脚
    int inPin = 7;                 //按钮连接到数字引脚 7
    int val = 0;                   //定义变量，储存读取的值

    void setup( )
    {
        pinMode(ledPin, OUTPUT);   //将 13 脚设置为输出
        pinMode(inPin, INPUT);     //将 7 脚设置为输入
    }

    void loop( )
    {
        val = digitalRead(inPin);  //读取输入脚
        digitalWrite(ledPin, val); //将 LED 值设置为按钮的值
    }
```
将 13 脚设置为输入脚 7 脚的值。

提示：如果引脚悬空，digitalRead( )会返回 HIGH 或 LOW(随机变化)。

模拟输入脚能当作数字脚使用，参见 A0、A1 等。

2.5.2 模拟 I/O 函数

1. analogReference(type)

analogReference(type)用于配置模拟输入的基准电压(即输入范围的最大值)。选项有：

(1) DEFAULT：默认 5 V(Arduino 板为 5 V)或 3.3 V(Arduino 板为 3.3 V)为基准电压。

(2) INTERNAL：在 ATmega168 和 ATmega328 上以 1.1 V 为基准电压；在 ATmega8 上以 2.56 V 为基准电压(Arduino Mega 无此选项)。

(3) INTERNAL1V1：以 1.1 V 为基准电压(此选项仅针对 Arduino Mega)。

(4) INTERNAL2V56：以 2.56 V 为基准电压(此选项仅针对 Arduino Mega)。

(5) EXTERNAL：以 AREF 引脚(0 至 5V)的电压作为基准电压。

参数：

type：使用的参考类型(DEFAULT、INTERNAL、INTERNAL1V1、INTERNAL2V56，或者 EXTERNAL)。

返回值：无。

提示：改变基准电压后，之前从 analogRead( )读取的数据可能不准确。不要在 AREF 引脚上使用任何小于 0 V 或超过 5 V 的外部电压。如果你使用 AREF 引脚上的电压作为基准电压，那么在调用 analogRead( )前必须设置参考类型为 EXTERNAL。否则，你将会削短有效的基准电压(内部产生)和 AREF 引脚，这可能会损坏 Arduino 板上的单片机。另外，在外部基准电压和 AREF 引脚之间连接一个 5 kΩ，可以在外部和内部基准电压之间切换。请

注意，总阻值将会发生改变，因为 AREF 引脚内部有一个 32 kΩ。这两个电阻都有分压作用。所以，如果输入 2.5 V 的电压，最终在 AREF 引脚上的电压将为 $2.5 \times 32 /(32 + 5) = 2.2$ V。

2. analogRead( )

analogRead( )用于从指定的模拟引脚读取数据值。Arduino 板包含一个 6 通道(Mini 和 Nano 有 8 个通道，Mega 有 16 个通道)、10 位模拟数字转换器。这意味着它将 0 至 5 V 之间的输入电压映射到 0 至 1023 的整数值。这将产生读数之间的关系：5 V/ 1024 单位，或 0.0049 V(4.9 mV)每单位。输入范围和精度可以使用 analogReference( )改变。它大约需要 100 微秒(0.0001)来读取模拟输入，所以最大的读取速度是每秒 10000 次。

语法：

    analogRead(PIN)

数值的读取：

从输入引脚(大部分板子从 0 到 5，Mini 和 Nano 从 0 到 7，Mega 从 0 到 15)读取数值。

返回值：从 0 到 1023 的整数值。

提示：如果模拟输入引脚没有连入电路，由 analogRead( )返回的值将根据多项因素(例如其他模拟输入引脚，你的手靠近板子等)产生波动。

示例：

```
int analogPin = 3;   //电位器(中间的引脚)连接到模拟输入引脚 3,//另外两个引脚分别接地和 +5 V
int val = 0;         //定义变量来存储读取的数值

void setup()
{
    serial.begin(9600);      //设置波特率(9600)
}

void loop()
{
    val = analogRead(analogPin);   //从输入引脚读取数值
    serial.println(val);           //显示读取的数值
}
```

3. analogWrite( )——PWM

从一个引脚输出模拟值(PWM)，可让 LED 以不同的亮度点亮或驱动电机并以不同的速度旋转。analogWrite( )输出结束后，该引脚将产生一个稳定的特殊占空比方波，直到下次调用 analogWrite( )，或在同一引脚调用 digitalRead( )或 digitalWrite( )。PWM 信号的频率大约是 490 Hz。

在大多数 Arduino 板(ATmega168 或 ATmega328)，只有引脚 3、5、6、9、10 和 11 可以实现该功能。在 aduino Mega 上，引脚 2 到 13 可以实现该功能。老的 Arduino 板(ATmega8)的只有引脚 9、10、11 可以使用 analogWrite( )。在使用 analogWrite( )前，不需要调用 pinMode( )来设置引脚为输出引脚。

analogWrite 函数与模拟引脚、analogRead 函数没有直接关系。

语法：

  analogWrite(pin,value)

参数：

pin：用于输入数值的引脚。

value：占空比为 0(完全关闭)到 255(完全打开)之间。

返回值：无。

提示：引脚 5 和 6 的 PWM 输出将高于预期的占空比(输出的数值偏高)。这是因为 millis( )、delay( )的功能和 PWM 输出共享相同的内部定时器。这将导致引脚 5 和 6 大多时候处于低占空比状态(如：0～10)，并可能导致在数值为 0 时，没有完全关闭引脚 5 和 6。

示例：

```
//通过读取电位器的阻值控制 LED 的亮度
int ledPin = 9;              // LED 连接到数字引脚 9
int analogPin = 3;           //电位器连接到模拟引脚 3
int val = 0;                 //定义变量，储存读取的值

void setup( )
{
    pinMode(ledPin,OUTPUT);  //设置引脚为输出引脚
}

void loop( )
{
    val = analogRead(analogPin);  //从输入引脚读取数值
    analogWrite(ledPin, val / 4); //以 val / 4 的数值点亮 LED(因为 analogRead 读取的数值为 0
                                  //  到 1023，而 analogWrite 输出的数值为 0 到 255)
}
```

2.5.3 高级 I/O 函数

1．tone( )

tone( )用于在一个引脚上产生一个特定频率的方波(50%占空比)。持续时间可以设定，否则波形会一直产生，直到调用 noTone( )函数才结束。该引脚可以连接压电蜂鸣器或其他喇叭播放声音。

在同一时刻只能产生一个声音。如果一个引脚已经在播放音乐，那么调用 tone( )将不会有任何效果。如果音乐在同一个引脚上播放，则它会自动调整频率。

使用 tone( )函数会与 3 脚和 11 脚的 PWM 产生干扰(Mega 板除外)。

提示：如果要在多个引脚上产生不同的音调，那么在对下一个引脚使用 tone( )函数前就要对此引脚调用 noTone( )函数。

语法：
  tone(pin, frequency)
  tone(pin, frequency, duration)

参数：

pin：要产生声音的引脚。

frequency：产生声音的频率，单位为 Hz，类型为 unsigned int。

duration：声音持续的时间，单位为毫秒(可选)，类型为 unsigned long。

返回值：无。

2. noTone( )

noTone( )用于停止由 tone( )产生的方波。如果没有使用 tone( )将不会有效果。

注意：如果你想在多个引脚上产生不同的声音，那么在对下一个引脚使用 tone( )前就要对刚才的引脚调用 noTone( )函数。

语法：
  noTone(pin)

参数：

pin：所要停止产生声音的引脚。

返回值：无。

3. shiftOut( )

shiftOut( )用于将一个数据的一个字节一位一位地移出。从最高有效位(最左边)或最低有效位(最右边)开始。依次向数据脚写入每一位，之后时钟脚被拉高或拉低，指示刚才的数据有效。

注意：如果你连接的设备的时钟类型为上升沿，那么你要确定在调用 shiftOut( )前时钟脚为低电平，例如调用 digitalWrite(clockPin, LOW)。

注意：这是一个软件实现；Arduino 提供了一个硬件实现的 SPI 库，它的速度更快，但只对特定脚有效。

语法：
  shiftOut(dataPin, clockPin, bitOrder, value)

参数：

dataPin：输出每一位数据的引脚(int)。

clockPin：时钟脚，当 dataPin 有值时，此引脚电平变化(int)。

bitOrder：输出位的顺序，最高位优先或最低位优先。

value：要移位输出的数据(byte)。

返回值：无。

提示：dataPin 和 clockPin 要用 pinMode( )配置为输出。 shiftOut 目前只能输出 1 个字节(8 位)，所以如果输出值大于 255，则需要分两步。

  //最高有效位优先串行输出
  int 数据= 500;
  //移位输出高字节

shiftOut(dataPin, clock, MSBFIRST, (data >> 8));
//移位输出低字节
shiftOut(data, clock, MSBFIRST, data);

//最低有效位优先串行输出
data = 500;
//移位输出低字节
shiftOut(dataPin, clock, LSBFIRST, data);
//移位输出高字节
shiftOut(dataPin, clock, LSBFIRST, (data >> 8));

示例：

相应电路，查看 tutorial on controlling a 74HC595 shift register。

```
// ************************************************ ************** //
// Name: shiftOut 代码, Hello World                //
// Author: Carlyn Maw,Tom Igoe                     //
// Date: 25 Oct, 2006                              //
//版本: 1.0                                        //
//注释: 使用 74HC595 移位寄存器从 0 到 255 计数    //
//
// ************************************************ ***************

//引脚连接到 74HC595 的 ST_CP
int latchPin = 8;
//引脚连接到 74HC595 的 SH_CP
int clockPin = 12;
//引脚连接到 74HC595 的 DS
int dataPin = 11;

void setup( ) {
    //设置引脚为输出
    pinMode(latchPin, OUTPUT);
    pinMode(clockPin, OUTPUT);
    pinMode(dataPin, OUTPUT);
}

void loop( ) {
    //向上计数程序
    for(J = 0; J < 256; J + +){
        //传输数据的时候将 latchPin 拉低
```

```
            digitalWrite(latchpin, LOW);
            shiftOut 的 (dataPin, clockPin, LSBFIRST, J);
            //之后将 latchPin 拉高，以告诉芯片
            //它不需要再接受信息了
            digitalWrite(latchpin, HIGH);
            delay(1000);
        }
    }
```

4．shiftIn( )

shiftIn( )用于将一个数据的一个字节一位一位地移入。从最高有效位(最左边)或最低有效位(最右边)开始。对于每个位，先拉高时钟电平，再从数据传输线中读取一位，再将时钟线拉低。

提示：这是一个软件实现；Arduino 提供了一个硬件实现的 SPI 库，它的速度更快，但只对特定脚有效。

语法：

　　　　shiftIn(dataPin,clockPin,bitOrder)

参数：

dataPin：输出每一位数据的引脚(int)。

clockPin：时钟脚，当 dataPin 有值时此引脚电平变化(int)。

bitOrder：输出位的顺序，最高位优先或最低位优先。

返回值：读取的值(byte)。

5．pulseIn( )

pulseIn( )用于读取一个引脚的脉冲(HIGH 或 LOW)。例如，如果 value 是 HIGH，则 pulseIn( )会等待引脚变为 HIGH。开始计时，如果在指定的时间内无脉冲函数返回，则再等待引脚变为 LOW 并停止计时。返回脉冲的长度，单位为微秒。

此函数的计时功能由经验决定，长时间的脉冲计时可能会出错。计时范围从 10 微秒至 3 分钟。(1 秒 = 1000 毫秒 = 1 000 000 微秒)。

语法：

　　pulseIn(pin, value)

　　pulseIn(pin, value, timeout)

参数：

pin：要进行脉冲计时的引脚号(int)。

value：要读取的脉冲类型，一般为 HIGH 或 LOW(int)。

timeout(可选)：指定脉冲计数的等待时间，单位为微秒，默认值是 1 秒(unsigned long)。

返回值：脉冲长度(微秒)，如果等待超时，则返回 0(unsigned long)。

示例：

　　int pin = 7;

　　unsigned long duration;

```
void setup( )
{
    pinMode(pin, INPUT);
}

void loop( )
{
    duration = pulseIn(pin, HIGH);;
}
```

2.5.4 时间函数

1. millis( )

millis( )用于返回 Arduino 开发板从运行当前程序开始的毫秒数。这个数字将在约 50 天后溢出 (归零)。

参数：无。

返回值：返回从运行当前程序开始的毫秒数(无符号长整数)。

示例：

```
unsigned long time;

void setup( ){
    Serial.begin(9600);
}
void loop( ){
    serial.print("Time:");
    time = millis( );
    //打印从程序开始到现在的时间
    serial.println(time);
    //等待一秒钟，以免发送大量的数据
    delay(1000);
}
```

提示：参数 millis 是一个无符号长整数，如果和其他数据类型(如整型数)做数学运算，则可能会产生错误。当中断函数发生时，millis( )的数值将不会继续变化。

2. micros( )

micros( )用于返回 Arduino 开发板从运行当前程序开始的微秒数。这个数字将在约 70 分钟后溢出(归零)。在 16 MHz 的 Arduino 开发板上(比如 Duemilanove 和 Nano)，这个函数的分辨率为 4 微秒(即返回值总是 4 的倍数)。在 8 MHz 的 Arduino 开发板上(比如 LilyPad)，这个函数的分辨率为 8 微秒。

提示：每毫秒是 1 000 微秒，每秒是 1 000 000 微秒。

参数：无。

返回值：返回从运行当前程序开始的微秒数(无符号长整数)。

示例：

```
unsigned long time;

void setup(){
    Serial.begin(9600);
}
void loop(){
    Serial.print("Time: ");
    time = micros();
    //打印从程序开始的时间
    Serial.println(time);
    //等待一秒钟，以免发送大量的数据
    delay(1000);
}
```

3. delay( )

delay( )用于使程序暂定设定的时间(单位为毫秒，一秒等于1000毫秒)。

语法：

    delay(ms)

参数：

ms：暂停的毫秒数(unsigned long)。

返回值：无。

示例：

```
ledPin = 13                      // LED 连接到数字 13 脚

void setup()
{
    pinMode(ledPin, OUTPUT);   //设置引脚为输出
}

void loop()
{
    digitalWrite(ledPin, HIGH);  //点亮 LED
    delay(1000);                      //等待 1 秒
    digitalWrite(ledPin, LOW);   //灭掉 LED
    delay(1000);                      //等待一秒
}
```

提示：虽然创建一个使用 delay( )的闪烁 LED 很简单，并且许多例子都将很短的 delay 用于消除开关抖动，但 delay( )确实有很多明显的缺点。在 delay 函数使用的过程中，读取传感器值、计算、引脚操作均无法执行，因此，它所带来的后果就是使其他大多数活动暂停。其他操作定时的方法请参考 millis( )函数和它下面的例子。大多数熟练的程序员通常能避免超过 10 毫秒的 delay( )，除非 Arduino 程序非常简单。但某些操作在 delay( )执行时仍然能够运行，因为 delay 函数不会使中断失效。例如，通信端口 RX 接收到得数据会被记录，PWM(analogWrite)值和引脚状态会保持，中断也会按设定的执行。

4. delayMicroseconds( )

delayMicroseconds( )用于使程序暂停指定的一段时间，单位为微秒。目前，能够产生的最大的延时准确值是 16383。这可能会在未来的 Arduino 版本中会改变。对于超过几千微秒的延迟，应该使用 delay( )代替。

语法：

  delayMicroseconds(us)

参数：

us：暂停的时间，单位为微秒，类型为 unsigned int。

返回值：无。

示例：

```
int outPin = 8;              // digital pin 8

void setup( )
{
    pinMode(outPin，OUTPUT);        //设置为输出的数字管脚
}

void loop( )
{
    digitalWrite(outPin，HIGH);    //设置引脚高电平
    delayMicroseconds(50);        //暂停 50 微秒
    digitalWrite(outPin, LOW);    //设置引脚低电平
    delayMicroseconds(50);        //暂停 50 微秒
}
```

将 8 号引脚配置为输出脚。它会发出一系列周期为 100 微秒的方波。

提示：此函数在 3 微秒以上工作得非常准确。但不能保证，delayMicroseconds 在更小的时间内的延时准确。

Arduino0018 版本后，delayMicroseconds( )不再会使中断失效。

2.5.5 几个基本的数学运算函数

Arduino 可用的数学函数很多，下面仅以几个常用函数为例，做一些简单的使用介绍。

其他的函数，可以查阅 Arduino 的帮助手册。

1. min(x, y)

min(x, y)用于计算两个数字中的最小值。

参数：

X：第一个数字，任何数据类型。

Y：第二个数字，任何数据类型。

返回值：两个数字中的较小者。

示例：

  sensVal = min(sensVal, 100);   //将 sensVal 或 100 中较小者赋值给 sensVal

  //确保它永远不会大于 100。

提示：直观的比较，max( )方法常被用来约束变量的下限，而 min( )常被用来约束变量的上限。

由于 min( )函数的实现方式，应避免在括号内出现其他函数，这将导致不正确的结果。

  min(a++, 100);   //避免这种情况——会产生不正确的结果

  a++;

  min(a, 100);   //使用这种形式替代——将其他数学运算放在函数之外

2. max(x,y)

max(x, y)用于计算两个数的最大值。

参数：

X：第一个数字，任何数据类型。

Y：第二个数字，任何数据类型。

返回值：两个参数中较大的一个。

示例：

  sensVal = max(senVal, 20);   //将 20 或更大值赋给 sensVal

  //(有效保障它的值至少为 20)

提示：和直观相反，max( )通常用来约束变量的最小值，而 min( )通常用来约束变量的最大值。要避免在括号内嵌套其他函数，这可能会导致不正确的结果。

  max(a--, 0);   //避免此用法，这会导致结果不正确

  a--;   //用此方法代替

  max(a, 0);   //将其他计算放在函数外

3. ABS(X)

ABS(X)用于计算一个数的绝对值。

参数：

X：一个数。

返回值：如果 x 大于或等于 0，则返回它本身。如果 x 小于 0，则返回它的相反数。

提示：避免在括号内使用任何函数(括号内只能是数字)，否则将导致不正确的结果。

```
ABS(a++);        //避免这种情况，否则它将产生不正确的结果
a++;             //使用这段代码代替上述的错误代码
ABS(a);          //保证其他函数放在括号的外部
```

4．constrain(x, a, b)

constrain(x, a, b)用于将一个数约束在一个范围内。

参数：

x：要被约束的数字，适用所有的数据类型。

a：该范围的最小值，适用所有的数据类型。

b：该范围的最大值，适用所有的数据类型。

返回值：

x：如果 x 是介于 a 和 b 之间。

a：如果 x 小于 a。

b：如果 x 大于 b。

示例：

```
sensVal = constrain(sensVal, 10, 150);
//传感器返回值的范围限制在 10 到 150 之间
```

5．map(value, fromLow, fromHigh, toLow, toHigh)

map( )用于将一个数从一个范围映射到另外一个范围。也就是说，会将 fromLow 到 fromHigh 之间的值映射到 toLow 到 toHigh 之间的值。

不限制值的范围，因为范围外的值有时是刻意的和有用的。如果需要限制的范围，constrain( )函数可以用于此函数之前或之后。

注意，两个范围中的"下限"可以比"上限"更大或者更小，因此 map( )函数可以用来翻转数值的范围，例如：

```
y = map(x, 1, 50, 50, 1);
```

这个函数同样可以处理负数，请看下面这个例子：

```
y = map(x, 1, 50, 50, -100);
```

是有效的并且可以很好地运行。

由于 map( )函数使用整型数进行运算，因此不会产生分数，这时运算应该表明它需要这样做。小数的余数部分会被舍去，不会被四舍五入或者平均。

参数：

value：需要映射的值。

fromLow：当前范围值的下限。

fromHigh：当前范围值的上限。

toLow：目标范围值的下限。

toHigh：目标范围值的上限。

返回值：被映射的值。
示例：
```
//*映射一个模拟值到8位(0到255)*/
void setup(){ }

void loop()
{
    int val = analogRead(0);
    val = map(val, 0, 1023, 0, 255);
    analogWrite(9, val);
}
```
提示：关于数学的实现，下面提供一段完整函数。
```
long map(long x, long in_min, long in_max, long out_min, long out_max)
{
    return (x – in_min) * (out_max – out_min) / (in_max – in_min) + out_min;
}
```

6. pow(base, exponent)

pow( )用于计算一个数的幂次方。Pow( )还可以用来计算一个数的分数幂。用它来产生指数幂的数或曲线非常方便。

参数：

base：底数(float)。

exponent：幂(float)。

返回值：一个数的幂次方值(double)。

7. sqrt(x)

sqrt(x)用于计算一个数的平方根。

参数：

x：被开方数，任何类型。

返回值：此数的平方根，类型为double。

2.5.6 三角函数

1. sin(rad)

sin(rad)用于计算角度的正弦(弧度)。其结果在 −1～1 之间。

参数：

rad：弧度制的角度(float)。

返回值：角度的正弦值(double)。

2. cos(rad)

cos(rad)用于计算一个角度的余弦值(用弧度表示)。返回值在 −1～1 之间。

参数:

rad:用弧度表示的角度(浮点数)。

返回值:角度的余弦值(双精度浮点数)。

3. tan(rad)

tan(rad)用于计算角度的正切(弧度)。其结果在负无穷大和无穷大之间。

参数:

rad:弧度制的角度(float)。

返回值:角度的正切值。

2.5.7 随机数函数

1. randomSeed(seed)

使用 randomSeed( )初始化伪随机数生成器,可以使生成器在随机序列中的任意点开始。这个序列虽然很长,并且是随机的,但始终是同一序列。

如果需要在一个 random( )序列上生成真正意义的随机数,则在执行其子序列时使用 randomSeed( )函数预设一个绝对的随机输入即可。例如在一个断开引脚上的 analogRead( )函数的返回值。反之,有些时候伪随机数的精确重复也是有用的。这在一个随机系列开始前,可以通过调用一个使用固定数值的 randomSeed( )函数来完成。

参数:

long, int:通过数字生成种子。

返回值:无。

示例:

```
    long randNumber;

    void setup(){
        Serial.begin(9600);
        randomSeed(analogRead(0));
    }

    void loop(){
        randNumber = random(300);
        Serial.println(randNumber);

        delay(50);
    }
```

2. random( )

使用 random( )函数将生成伪随机数。

语法:

random(max)

random(min, max)

参数:

min: 随机数的最小值,随机数将包含此值(此参数可选)。

max: 随机数的最大值,随机数不包含此值。

返回值: min 和 max-1 之间的随机数(数据类型为 long)。

注意:

如果需要在一个 random( )序列上生成真正意义的随机数,那么在执行其子序列时使用 randomSeed( )函数即可预设一个绝对的随机输入。例如一个断开引脚上的 analogRead( )函数的返回值。反之,有些时候伪随机数的精确重复也是有用的。这在一个随机系列开始前,可以通过调用一个使用固定数值的 randomSeed( )函数来完成。

示例:

```
long randNumber;

void setup(){
    Serial.begin(9600);
    //如果模拟输入引脚 0 为断开,随机的模拟噪声
    //将会调用 randomSeed( )函数在每次代码运行时生成
    //不同的种子数值。
    // randomSeed( )将随机打乱 random 函数。
    randomSeed(analogRead(0));
}

void loop() {
    //打印一个 0 到 299 之间的随机数
    randNumber = random(300);
    Serial.println(randNumber);

    //打印一个 10 到 19 之间的随机数
    randNumber = random(10, 20);
    Serial.println(randNumber);

    delay(50);
}
```

2.5.8 位操作函数

1. lowByte( )

lowByte( )用于提取一个变量(例如一个字)的低位(最右边)字节。

语法:
　　lowByte(x)

参数:

x: 任何类型的值。

返回值: 字节。

2. highByte( )

highByte( )用于提取一个字节的高位(最左边的)，或一个更长的字节的第二低位。

语法:
　　highByte(x)

参数:

x: 任何类型的值。

返回值: byte。

3. bitRead( )

bitRead( )用于读取一个数的位。

语法:
　　bitRead(x, n)

参数:

x: 想要被读取的。

n: 被读取的位，0 是最低有效位(最右边)。

返回值: 该位的值(0 或 1)。

4. bitWrite()

bitWrite()用于在位上写入数字变量。

语法:
　　bitWrite(x, n, b)

参数:

x: 要写入的数值变量。

n: 要写入的数值变量的位，从 0 开始是最低(最右边)的位。

b: 写入位的数值(0 或 1)

返回值: 无。

5. bitSet( )

bitSet( )用于为一个数字变量设置一个位。

语句:
　　bitSet(x, n)

语法:

x: 想要设置的数字变量。

n: 想要设置的位，0 是最重要(最右边)的位。

返回值: 无。

6. bitClear( )

bitClear( )用于清除一个数值型数值的指定位(将此位设置成 0)。
语法：
  bitClear(x, n)
参数：
x：指定要清除位的数值。
n：指定要清除位的位置，从 0 开始，0 表示最右端位。
返回值：无。

7. bit( )

bit( )用于计算指定位的值(0 位是 1，1 位是 2，2 位 4，以此类推)。
语法：
  bit(n)
参数：
n：需要计算的位。
返回值：该位的值。

2.5.9 设置中断函数

1. attachInterrupt(interrupt, function, mode)

attachInterrupt( )用于当发生外部中断时，调用一个指定函数。当中断发生时，该函数会取代正在执行的程序。大多数的 Arduino 板有两个外部中断：0(数字引脚 2)和 1(数字引脚 3)。

Arduino Mege 有四个外部中断：数字 2(引脚 21)、3(20 针)、4(引脚 19)、5(引脚 18)。
参数：
interrupt：中断引脚数。
function：中断发生时调用的函数，此函数必须不带参数和不返回任何值。该函数有时被称为中断服务程序。
mode：定义何时发生中断以下四个 contstants 预定有效值。
➢ LOW：当引脚为低电平时，触发中断。
➢ CHANGE：当引脚电平发生改变时，触发中断。
➢ RISING：当引脚由低电平变为高电平时，触发中断。
➢ FALLING：当引脚由高电平变为低电平时，触发中断。
返回值：无。

提示：当中断函数发生时，delay( )和 millis( )的数值将不会继续变化。当中断发生时，串口收到的数据可能会丢失。对此应该声明一个变量，在未发生中断时先储存变量。

使用中断：

在单片机自动化程序中当突发事件发生时，中断是非常有用的，它可以帮助解决时序问题。一个使用中断的任务，可能会读取一个旋转编码器，监视用户的输入。

如果你想确保程序始终能抓住一个旋转编码器的每一个脉冲，这将使程序编写比做任何一件事情都要棘手，因为该计划需要不断地向传感器线编码器轮询。对此，可以使用一个中断释放的微控制器来完成这些工作。

示例：

```
int pin = 13;
volatile int state = LOW;

void setup()
{
    pinMode(pin, OUTPUT);
    attachInterrupt(0, blink, CHANGE);
}

void loop()
{
    digitalWrite(pin, state);
}

void blink()
{
    state = !state;
}
```

2．detachInterrupt(interrupt)

detachInterrupt( )用于关闭给定的中断。

参数：

interrupt：中断禁用的数(0 或者 1)。

2.5.10 开关中断函数

1．interrupts( )

interrupts( )用于重新启用中断(使用 noInterrupts( )命令后将被禁用)。中断允许一些重要任务在后台运行，默认状态是启用的。禁用中断后一些函数可能无法工作，并且传入的信息也可能会被忽略。中断会稍微打乱代码的时间，但是在关键部分可以禁用中断。

参数：无。

返回值：无。

示例：

```
void setup()
{
}
```

```
void loop()
{
    noInterrupts();
    //重要、时间敏感的代码
    interrupts();
    //其他代码写在这里
}
```

2. noInterrupts()

noInterrupts()用于禁止中断(重新使能中断 interrupts())。中断允许在后台运行一些重要任务，默认使能中断。禁止中断时部分函数会无法工作，通信中接收到的信息也可能会丢失。

中断会影响计时代码，在某些特定的代码中中断也会失效。

参数：无。

返回值：无。

示例：

```
void setup()
void loop()
{
    noInterrupts();
    //关键的、时间敏感的代码放在这
    interrupts();
    //其他代码放在这
}
```

2.6　Arduino 硬件平台

正如前面所讲到的，Arduino 作为一款开源平台，它的产品家族非常庞大，针对不同的应用你总能找到适合的开发板来进行你的开发制作。前文中我们以分类的方式介绍了一些开发板的大致用途。我们无法也没有必要对所有的产品一一作详细的介绍，因而在这里我们主要介绍两款对我们学习和开发有帮助的开发板。一款是非常适合初学者用来学习和研究的入门级平台 Arduino Uno R3，对 Arduino 硬件平台的基础知识我们均以此开发板为例进行讲解。在此基础上简单介绍适合做四旋翼开发的一个小开发平台 Arduino Pro Mini。

2.6.1　Arduino Uno R3 的硬件原理

Arduino Uno 是 Arduino USB 接口系列的版本，作为 Arduino 平台的参考标准模板。Uno 的处理器核心是 ATmega328，同时具有 14 路数字输入/输出口(其中 6 路可作为 PWM 输出)、

6路模拟输入、一个16 MHz晶体振荡器、一个USB口、一个电源插座、一个ICSP header和一个复位按钮，如图2-29所示。

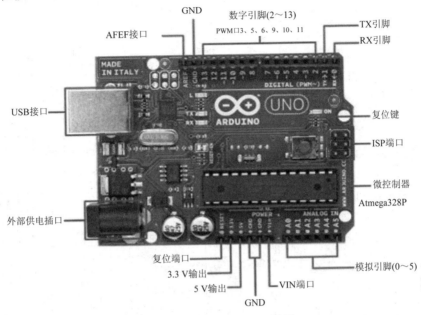

图2-29 Arduino Uno R3 硬件

Uno已经发布到第三版，与前两版相比，第三版具有以下新的特点：

➢ 在AREF处增加了两个管脚SDA和SCL，支持I2C接口；增加IOREF和一个预留管脚，将来扩展板能兼容5 V和3.3 V核心板。

➢ 改进了复位电路设计。

➢ USB接口芯片由ATmega16U2替代了ATmega8U2。

1. 基本参数

处理器：ATmega328。

工作电压：5 V。

输入电压(推荐)：7～12 V。

输入电压(范围)：6～20 V。

数字IO脚：14(其中6路作为PWM输出)。

模拟输入脚：6。

IO脚直流电流：40 mA。

3.3 V脚直流电流：50 mA。

Flash Memory：32 KB(ATmega328，其中0.5 KB用于bootloader)。

SRAM：2 KB(ATmega328)。

EEPROM：1 KB(ATmega328)。

工作时钟：16 MHz。

2. 原理图

Arduino Uno R3硬件原理，如图2-30所示。

· 78 ·　基于 Arduino 的四旋翼飞行器系统设计与制作

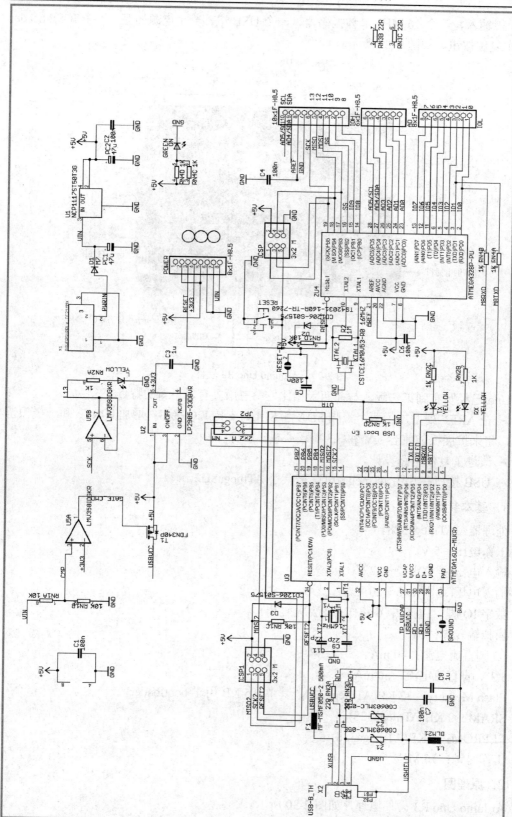

图 2-30　Arduino Uno R3 硬件原理图

3. 电源

Arduino Uno 通过 3 种方式供电，而且能自动选择供电方式。

(1) 外部直流电源：通过电源插座供电。

(2) 电池：连接电源连接器的 GND 和 VIN 引脚。

(3) USB 接口：直接供电。

4. 电源引脚说明

VIN——当外部直流电源接入电源插座时，可以通过 VIN 向外部供电；也可以通过此引脚向 Uno 直接供电；VIN 有电时将忽略从 USB 或者其他引脚接入的电源。

5 V——通过稳压器或 USB 的 5 V 电压为 Uno 上的 5 V 芯片供电。

3.3 V——通过稳压器产生的 3.3 V 电压，最大驱动电流为 50 mA。

GND——地脚。

5. 存储器

ATmega328 包括了片上 32 KB Flash，其中 0.5 KB 用于 Bootloader。同时还有 2 KB SRAM 和 1 KB EEPROM。

2.6.2 数字输入

在数字电路中，开关(switch)是一种基本的输入形式，它的作用是保持电路的连接或者断开。Arduino 从数字 I/O 管脚上只能读出高电平(5 V)或者低电平(0 V)，因此我们首先面临的一个问题是，如何将开关的开/断状态转变成 Arduino 能够读取的高/低电平。解决的办法是，通过上/下拉电阻。按照电路的不同，数字电路通常又可以分为正逻辑(Positive Logic)电路和负逻辑(Inverted Logic)电路两种。

在正逻辑电路中，开关一端接电源，另一端则通过一个 10 kΩ 的下拉电阻接地，输入信号从开关和电阻间引出，如图 2-31 所示。当开关断开的时候，输入信号被电阻"拉"向地，形成低电平(0 V)；当开关接通的时候，输入信号直接与电源相连，形成高电平。对于经常用到的按压式开关，按下为高，抬起为低。

在负逻辑电路中，开关一端接地，另一端则通过一个 10 kΩ 的上拉电阻接电源，输入信号同样也是从开关和电阻间引出，如图 2-32 所示。当开关断开时，输入信号被电阻"拉"向电源，形成高电平(5 V)；当开关接通的时候，输入信号直接与地相连，形成低电平。对于经常用到的按压式开关，按下为低，抬起为高。

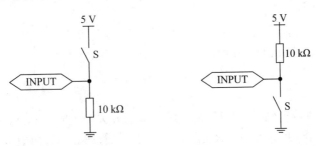

图 2-31　正逻辑电路　　图 2-32　负逻辑电路

为了验证 Arduino 数字 I/O 的输入功能，我们可以将开关接在 Arduino 的任意一个数字

I/O 管脚上(13 除外)，并通过读取它的接通或者断开状态，来控制其他数字 I/O 管脚的高低。本实验采用的原理图如图 2-33 所示，其中开关接在数字 I/O 的 7 号管脚上，被控的发光二极管接在数字 I/O 的 13 号管脚上。

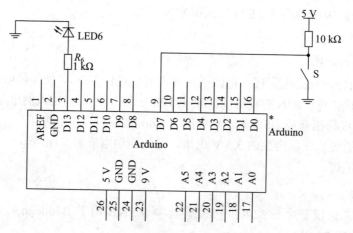

图 2-33　数字输入实验原理图

相应的代码为：

```
int ledPin = 13;
int switchPin = 7;
int value = 0;

void setup( ) {
    pinMode(ledPin, OUTPUT);
    pinMode(switchPin, INPUT);
}

void loop( ) {
    value = digitalRead(switchPin);
    if (HIGH == value) {
        // turn LED off
        digitalWrite(ledPin, LOW);
    } else {
        // turn LED on
        digitalWrite(ledPin, HIGH);
    }
}
```

由于采用的是负逻辑电路，如图 2-34 所示，当开关按下时用 digitalRead( )函数读取到的值为 LOW，此时再用 digitalWrite( )函数将发光二极管所在的管脚置为高，点亮发光二极管。同理，当开关抬起时，发光二极管将被熄灭。这样我们就实现了用开关来控制发光二极管的功能。

第 2 章 Arduino 的原理及应用

图 2-34 数字输入实验接线图

2.6.3 数字输出

Arduino 的数字 I/O 分为两个部分，其中每个部分都含有 6 个可用的 I/O 管脚，即管脚 2 到管脚 7 和管脚 8 到管脚 13。除了管脚 13 上接了一个 1 kΩ 的电阻之外，其他各个管脚都直接连接到 ATmega 上。我们可以利用一个 6 位的数字跑马灯，来对 Arduino 数字 I/O 的输出功能进行验证，图 2-35 是相应的原理图。

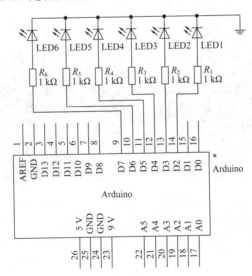

图 2-35 数字输出实验原理图

电路中在每个 I/O 管脚上所加的那个 1 kΩ 电阻被称为限流电阻。由于发光二极管在电路中没有等效电阻值，因此使用限流电阻可以使元件上通过的电流不至于过大，能够起到保护的作用。

相应的代码为：

    int BASE = 2;

    int NUM = 6;

    int index = 0;

```
void setup( )
{
    for (int i = BASE; i < BASE + NUM; i ++) {
        pinMode(i, OUTPUT);
    }
}

void loop( )
{
    for (int i = BASE; i < BASE + NUM; i ++) {
        digitalWrite(i, LOW);
    }
    digitalWrite(BASE + index, HIGH);
    index = (index + 1) % NUM;
    delay(100);
}
```

下载并运行该实验，连接在 Arduino 数字 I/O 管脚 2 到管脚 7 上的发光二极管会依次点亮 0.1 秒，然后再熄灭，如图 2-36 所示。

图 2-36　数字输出实验接线图

这个实验可以用来验证数字 I/O 输出的正确性。Arduino 上一共有 12 个数字 I/O 管脚，我们可以用同样的办法验证其他 6 个管脚的正确性，而这只需要对上述工程的第一行做相应的修改就可以了：

　　int BASE = 8;

2.6.4　模拟输入

Arduino 的优势在于对数字信号的识别和处理，简单到只要用 0 和 1 就能够表示所有的现象，但我们所生活的真实世界并不是数字(digital)化的。例如温度，这个我们已经司空见惯的概念，它只能在一个范围之内连续变化，而不可能发生像从 0 到 1 这样的瞬时跳变，类似这样的物理量被人们称为模拟(analog)量。Arduino 是无法理解这些模拟量的，它们必须经过模数转换变成数字量后，才能被 Arduino 进一步处理。

像温度这样的数据必须先被转换成微处理器能够处理的形式(比如电压)，才能被 Arduino 处理，这一任务通常由各类传感器(sensor)来完成。例如，电路中的温度传感器能够将温度值转换成 0 V 到 5 V 间的某个电压，比如 0.3 V、3.27 V、4.99 V 等。由于传感器表达的是模拟信号，它不会像数字信号那样只有简单的高电平和低电平，而有可能是在这两者之间的任何一个数值。至于到底有多少可能的值，则取决于模数转换的精度，精度越高能够得到的值就会越多。

Arduino 所采用的 ATmega8 微处理器有 6 个模数转换器(ADC，Analog to Digital Converter)，每一个模数转换器的精度都是 10 bit，也就是说能够读取 $1024(2^{10} = 1024)$ 个状态。在 Arduino 的每一个模拟输入管脚上，电压的变化范围是从 0 V 到 5 V，因此 Arduino 能够感知到的最小电压变化是 5/1024 = 4.8 mV。

电位计(potentiometer)是一种最简单的模拟输入设备，如图 2-37 所示。它实际上就是一个可变电阻箱，通过控制滑块所在的位置可以得到不同的电压值，而输入信号正是从滑块所在的位置接入到电路中的。电位计的原理图如图 2-38 所示。

图 2-37 电位计

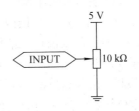
图 2-38 电位计原理图

下面我们通过改变电位计的值来控制发光二极管闪烁的频率。电位计上一共有三个管脚，分别连接到 Arduino 的电源、地和模拟输入的 5 号管脚上，发光二极管则连接到数字 I/O 的 13 号管脚上。模拟输入实验原理图如图 2-39 所示。

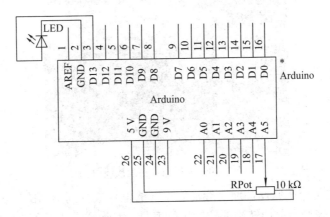
图 2-39 模拟输入实验原理图

相应的代码为：

```
int ledPin = 13;
int potPin = 5;
int value = 0;
```

```
void setup( ) {
    pinMode(ledPin, OUTPUT);
}

void loop( ) {
    value = analogRead(potPin);
    digitalWrite(ledPin, HIGH);
    delay(value);
    digitalWrite(ledPin, LOW);
    delay(value);
}
```

在 Arduino 中，不需要调用 pinMode( )函数将模拟输入端口指定为输入或者是输出模式，这点同数字 I/O 端口有所不同。

通过旋转电位计的轴，我们能改变电位计中间那根连线同地面之间的电阻量，从而改变从模拟输入的 5 号管脚上所读入的模拟量的值。如图 2-40 所示，当电位计完全旋转到头时，输入到模拟输入管脚上的电压为 0 V，用 analogRead( )函数读出的值为 0；当电位计完全旋转到另一头时，输入到模拟 I/O 管脚上的电压为 5 V，此时用 analogRead( )函数读出的值为 1023；当电位计旋转到中间的某个位置时，输入到模拟输入管脚上的电压是 0 V 到 5 V 之间的某个值，而用 analogRead( )函数读出的则是位于 0 到 1023 之间的某个对应值。读出的模拟量在我们的实验中被用来确定发光二极管点亮和熄灭的时间，从而反映模拟量的变化。

图 2-40 模拟输入实验接线图

电位计运用的是分压原理，通过旋转到不同的位置来得到不同的电压值。从这种意义上讲，它能够被用来对当前旋转到的位置进行度量，因此可以被用在转向轮等旋转装置中。

2.6.5 模拟输出

就像模拟输入一样，在现实的物理世界中我们经常需要输出除了 0 和 1 之外的其他数值。例如，除了想用微控制器打开或者关闭电灯之外，我们还想控制灯光的亮度，这时就需要用到模拟输出。由于 Arduino 的微控制器只能产生高电压(5 V)或者低电压(0 V)，而不能产生变化的电压，因此必须采用脉宽调制技术(PWM，Pulse Width Modulation)来模仿模拟电压。

PWM 是一种开关式稳压电源应用,它是借助微处理器的数字输出来对模拟电路进行控制的一种非常有效的技术，被广泛应用在测量、通信、功率控制与变换的许多领域。简而言之，PWM 是一种对模拟信号电平进行数字编码的方法，它通过控制半导体开关器件的导通和关断，使输出端得到一系列幅值相等但宽度不相等的脉冲，而这些脉冲能够被用来代替正弦波或其他所需要的波形。

在 Arduino 数字 I/O 管脚 9、10 和 11 上，我们可以通过 analogWrite( ) 函数来产生模拟输出。该函数有两个参数，其中第一个参数用来产生模拟信号的引脚(9、10 或者 11)；第二个参数用来产生模拟信号的脉冲宽度，取值范围是 0 到 255。脉冲宽度的值取 0 可以产生 0 V 的模拟电压，取 255 则可以产生 5 V 的模拟电压。不难看出，脉冲宽度的取值变化 1，产生的模拟电压将变化 0.0196 V(5/255 = 0.0196)。

下面我们用模拟输出来调暗发光二极管(LED)。由于正常情况下 LED 对电压的变化非常敏感，因此当脉冲宽度变化时人眼会感觉到 LED 实际上是在不断地熄灭和点亮，而不是逐渐变暗。解决这一问题可以采用滤波电路，它能使有用频率信号通过，同时抑制(或大大衰减)无用频率信号。实验中我们采用的是低通滤波器，它的原理非常简单，只需要一个电阻和一个电容就能很好地过滤掉电路中超过某一频率的信号，如图 2-41 所示。

此处给出的电路并不能校平所有脉冲，它之所以被称为"低通滤波"是因为它只允许频率低于某个限度的脉冲通过，对于高于这个限度的脉冲则被平衡为伪模拟电压，滤波的频率范围由电阻器和电容器的比值决定。实验中采用的电路原理如图 2-42 所示。

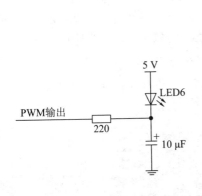

图 2-41 低通滤波器原理图

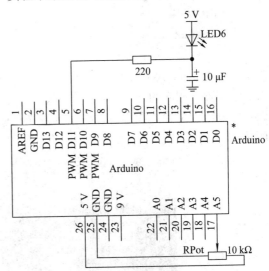

图 2-42 模拟输出实验原理图

相应的代码为：

```
int potPin = 0;
int ledPin = 11;
```

```
byte bright_table[ ] = {  30,  30,  30,  40,  50,  60,  70,  80,  90, 100,
                         110, 120, 130, 140, 150, 160, 170, 180, 190, 200,
                         210, 220, 230, 240, 250, 250, 240, 230, 220, 210,
                         200, 190, 180, 170, 160, 150, 140, 130, 120, 110,
                         100,  90,  80,  70,  60,  50,  40,  30,  30,  30 };
int MAX = 50;
int count = 0;
int val = 0;

void setup( ) {
    pinMode(ledPin, OUTPUT);
}

void loop( ) {
    analogWrite(ledPin, bright_table[count]);
    count ++;
    if (count > MAX) {
        count = 0;
    }

    val = analogRead(potPin);
    val = val /4;
    delay(val);
}
```

该实验调用 analogWrite( )函数在数字 I/O 端口的 11 号管脚上模仿模拟输出,每产生一次输出后都设置了相应的延时,而延时的长度由模拟输入端口 0 号管脚上的电位器来决定。通过调整电位器的位置,我们可以观察到发光二极管逐渐变亮后再逐渐变暗的效果,如图 2-43 所示。

图 2-43　模拟输出实验接线图

2.6.6 串口输入

串行通信是实现在 PC 机与微控制器之间进行交互的最简单的办法。之前的 PC 机上一般都配有标准的 RS-232 或者 RS-422 接口来实现串行通信，但现在这种情况发生了一些改变，大家更倾向于使用 USB 这样一种更快速，同时也更加复杂的方式来实现串行通信。尽管在有些计算机上现在已经找不到 RS-232 或者 RS-422 接口了，但我们仍可以通过 USB/串口或者 PCMCIA/串口这样的转换器，在这些设备上得到传统的串口。

通过串口连接的 Arduino 在交互式设计中能够为 PC 机提供一种全新的交互方式，比如用 PC 机控制一些之前看来非常复杂的事情，像声音和视频等。很多场合中都要求 Arduino 能够通过串口接收来自于 PC 机的命令，并完成相应的功能，这可以通过 Arduino 语言中提供的 Serial.read( )函数来实现。

在下面的实验中我们同样不需要任何额外的电路，而只需要用串口线将 Arduino 和 PC 机连起来就可以了。相应的代码为：

```
int ledPin = 13;
int val;

void setup( )
{
    pinMode(ledPin, OUTPUT);
    Serial.begin(9600);
}

void loop( )
{
    val = Serial.read( );
    if (-1 != val)
    {
        if ('H' == val)
        {
            digitalWrite(ledPin, HIGH);
            delay(500);
            digitalWrite(ledPin, LOW);
        }
    }
}
```

把代码下载到 Arduino 模块中之后，在 Arduino 集成开发环境中打开串口监视器并将波特率设置为 9600，然后向 Arduino 模块发送字符 H，如图 2-44 所示。

在这一实验中，每当 Arduino 成功收到一个字符 H，连接在数字 I/O 端口管脚 13 上的发光二极管就会闪烁一次,如图 2-45 所示。

图 2-44 向串口发送 H

图 2-45 串口输入监测接线图

2.6.7 串口输出

在许多实际应用场合中我们会要求在 Arduino 和其他设备之间实现相互通信,而最常见的通常也是最简单的办法就是使用串行通信。在串行通信中,两个设备之间一个接一个地来回发送数字脉冲,它们之间必须严格遵循相应的协议以保证通信的正确性。

在 PC 机上最常见的串行通信协议是 RS-232 串行协议,而在各种微控制器(单片机)上采用的则是 TTL 串行协议。由于这两者的电平有很大的不同,因此在实现 PC 机和微控制器的通信时,必须进行相应的转换。完成 RS-232 电平和 TTL 电平之间的转换一般采用专用芯片,如 MAX232 等,但在 Arduino 上则用相应的电平转换电路来完成。

根据 Arduino 的原理图我们不难看出,ATmega 的 RX 和 TX 引脚一方面直接接到了数字 I/O 端口的 0 号和 1 号管脚,另一方面又通过电平转换电路接到了串口的母头上。因此,当我们需要用 Arduino 与 PC 机通信时,可以用串口线将两者连接起来;当我们需要用 Arduino 与微控制器(如另一块 Arduino)通信时,则可以用数字 I/O 端口的 0 号和 1 号管脚。

串行通信的难点在于参数的设置,如波特率、数据位、停止位等,在 Arduino 语言中可以使用 Serial.begin( ) 函数来简化这一任务。为了实现数据的发送,Arduino 提供了 Serial.print( ) 和 Serial.println( ) 两个函数,它们的区别在于后者会在请求发送的数据后面加上换行符,以提高输出结果的可读性。

在这一实验中没有用到额外的电路,我们只需要用串口线将 Arduino 和 PC 机连起来就可以了。相应的代码为:

```
void setup() {
    Serial.begin(9600);
}

void loop() {
    Serial.println("Hello World!");
```

delay(1000);
}

将代码下载到 Arduino 模块中之后，在 Arduino 集成开发环境的工具栏中单击"Serial Monitor"控制，打开串口查看器，如图 2-46 所示。

图 2-46 在 IDE 中单击串口查看器按钮

接着将波特率设置为 9600，即保持与代码中的设置相一致，如图 2-47 所示。

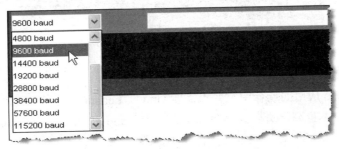

图 2-47 设置波特率

如果一切正常，此时我们就可以在 Arduino 集成开发环境的 Console 窗口中看到串口上输出的数据了，如图 2-48 所示。

图 2-48 查看输出结果

为了检查串口上是否有数据发送，一个比较简单的办法是在数字 I/O 端口的 1 号管脚 (TX)和 5 V 电源之间接一个发光二极管，其原理图如图 2-49 所示。

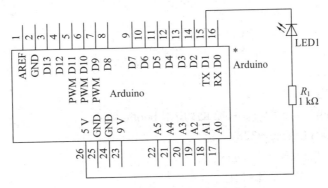

图 2-49 串口数据发送检测原理图

这样一旦 Arduino 在通过串口向 PC 机发送数据时，相应的发光二极管就会闪烁，如图

2-50 所示。在实际应用中，这是一个非常方便的调试手段。

图 2-50　串口输出监测接线图

2.6.8　Arduino Pro Mini

在很多 Arduino 应用的场合中，并不需要 Uno 或 Leondrao 这种功能"太全"的板子，体积太大不说，成本也高，所以我们会选用类似于 Nano、Micro、Pro Mini 之类的板子。Arduino Pro Mini 功能很足，成本低，体积小，可以方便地固定在小型四旋翼等对体积和重量有限制要求的设备上，如图 2-51 所示。

Arduino Pro Mini 是 Arduino Mini 的半定制版本，所有外部引脚通孔没有焊接，与 Mini 版本管脚兼容。Arduino Pro Mini 的处理器核心是 ATmega168，同时具有 14 路数字输入/输出口(其中 6 路可作为 PWM 输出)、6 路模拟输入、一个晶体谐振、一个复位按钮。它有两个版本：

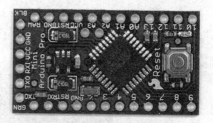

图 2-51　Arduino Pro Mini

- 工作在 3.3 V 和 8 MHz 时钟。
- 工作在 5 V 和 16 MHz 时钟。

基本参数：
- 处理器：ATmega168。
- 工作电压：3.3 V 或 5 V。
- 输入电压：3.35～12 V 或 5～12 V。
- 数字 IO 脚：14 (其中 6 路作为 PWM 输出)。
- 模拟输入脚：6。
- IO 脚直流电流：40 mA。
- Flash Memory：16 KB (其中 2 KB 用于 bootloader)。
- SRAM：1 kB (ATmega328)。
- EEPROM：0.5 KB (ATmega328)。
- 工作时钟：8 MHz 或 16 MHz。

1. 原理图

Arduino Pro Mini 的原理图如图 2-52 所示。

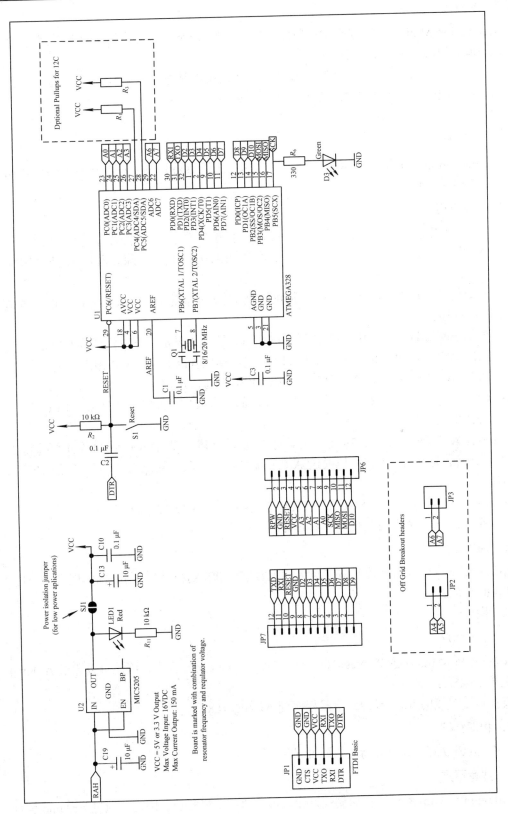

图 2-52　Arduino Pro Mini 原理图

2. 电源

Arduino Pro Mini 可以通过 FTDI 线或者焊接 6 脚 Header，也可以通过电源引脚接入外部直流电源。电源引脚说明如下：

RAW：外部直流电源接入引脚，raw 代表接入的可以是电池或者其他直流电源。
VCC：通过稳压器产生的 3.3 V 或者 5 V 电压。
GND：地脚。

3. 存储器

ATmega168 包括了片上 16 KB Flash，其中 2 KB 用于 Bootloader。同时还有 1 KB SRAM 和 0.5 KB EEPROM。

4. 输入输出

(1) 14 路数字输入输出口：工作电压为 3.3 V 或者 5 V，每一路能输出和接入最大电流为 40 mA。每一路配置了 20~50 kΩ 内部上拉电阻(默认不连接)。除此之外，有些引脚有特定的功能。

> 串口信号 RX(0 号)、TX(1 号)：提供 TTL 电压水平的串口接收信号，可以与 6 脚 Header 通孔相连。
> 外部中断(2 号和 3 号)：触发中断引脚，可设置成上升沿、下降沿或同时触发。
> 脉冲宽度调制 PWM(3、5、6、9、10、11)：提供 6 路 8 位 PWM 输出。
> SPI：10(SS)、11(MOSI)、12(MISO)、13(SCK)通信接口。
> LED(13 号)：Arduino 专门用于测试 LED 的保留接口，输出为高时点亮 LED，输出为低时 LED 熄灭。

(2) 6 路模拟输入 A0 到 A5：每一路具有 10 位的分辨率(即输入有 1024 个不同值)，默认输入信号范围为 0 到 5 V，可以通过 AREF 调整输入上限。除此之外，有些引脚还有特定功能。

> TWI 接口(SDA A4 和 SCL A5)：支持通信接口(兼容 I2C 总线)。

(3) Reset：信号为低时复位单片机芯片。

5. 通信接口

串口：ATmega168 内置的 UART 可以通过数字口 0(RX)和 1(TX)与外部实现串口通信。
TWI(兼容 I2C)接口。
SPI 接口。

6. 下载程序

Arduino Pro Mini 上的 ATmega168 已经预置了 bootloader 程序，因此可以通过 Arduino 软件直接下载程序。
直接通过焊接的 ICSP header 下载程序到 ATmega168。

7. 物理特征

Arduino Uno 的最大尺寸为 0.7 × 1.3 英寸。

8. 注意要点

Arduino Pro Mini 提供了自动复位设计，可以通过主机复位。因此，通过 Arduino 软件下载程序到 Pro Mini 中,软件就会自动复位,不需要使用复位按钮。

思 考 题

1. 什么是开源飞控?
2. 了解 Arduino 并安装 Arduino 开发环境,在 Arduino Uno 开发板上实现输出"Hello, Arduino"。
3. 了解并熟悉 Arduino 开发环境的 setup( )函数和 loop( )函数。
4. 编写一个控制 LED 小灯闪烁的控制程序代码,并将其烧录至 Arduino 开发板,控制小灯闪烁。
5. 利用 Arduino Uno 开发板实现数字跑马灯实验。
6. 利用 Arduino Uno 开发板和电位计实现控制 LED 小灯闪烁频率的实验。
7. 了解 Arduino Pro Mini 开发板。

第 3 章 四旋翼飞行器的飞行原理、飞行姿态及滤波算法

3.1 四旋翼飞行器的结构和飞行原理

3.1.1 结构形式

四旋翼飞行器拥有对称分布在机身前后左右的四只"翅膀"，它们处于同一高度的平面上，大小完全相同，由四个对称分布在"翅膀"支架端的电机提供动力，支架中间安放着GPS、陀螺仪、加速度计、感应器、视觉感应系统和红外线测距装置等，如图 3-1 所示。

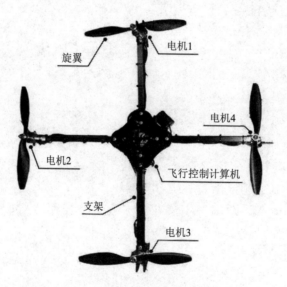

图 3-1 四旋翼飞行器的结构形式

3.1.2 飞行原理

四旋翼飞行器的一个旋翼转动，会对机身产生一个反扭矩，若飞行器只有一个旋翼，旋翼在转动的同时，机身也会朝旋翼反方向旋转，这就是反扭矩作用的结果。四旋翼飞行器的四个旋翼，旋转方向两两相反，电机之间的反扭矩平衡抵消，机身不会产生自旋。四旋翼飞行器的可以分别沿着机体的三个轴进行旋转或者平移，因此在每个轴向上有两个自由度。于是，四旋翼飞行器就有六种基本飞行动作。

1. 升降运动

在图 3-2 中，升降运动实际上就是飞行器在轴方向的上下运动。若四旋翼飞行器处于平稳状态，则四个旋翼的转速完全一样，此时同时使四个旋翼转速增加，可以让升力克服机体重量，使机体垂直向上运动。反之，同时减小四个旋翼的转速，可使机体垂直下降。当四个旋翼的转速相同时，升力和机体重力相等，此时飞行器处于平稳悬停的状态。

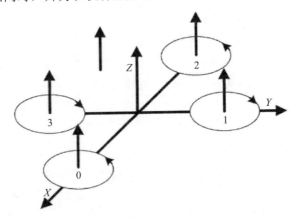

图 3-2　四旋翼飞行器的垂直运动

2. 俯仰运动

假设以 X 轴正方向为飞行器前进方向(电机为 0 前方)，俯仰运动便是飞行器以机体坐标 Y 轴为中心轴的一个转动。如图 3-3 所示，以仰动作为例，在保持电机 1、电机 3 转速不变的同时，电机 0 的转速增加，升力加大，电机 2 的转速减小，升力降低，飞行器会以机体 Y 轴(电机 1、电机 3 所在轴)为转轴产生一个转动，电机 0 上升，而电机 2 下降，这就是飞行器的仰动作。反之。保持电机 1、电机 3 的升力不变，电机 2 转速增加，电机 0 转速减小，将实现飞行器俯的动作。俯仰动作要靠控制飞行器前后方向上的两个电机的速率来实现。俯仰动作实质上还会影响飞行器的前进和后退。

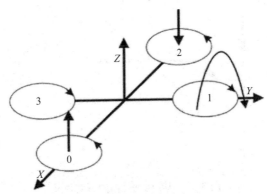

图 3-3　四旋翼飞行器的俯仰运动

3. 滚转运动

以 X 轴正方向为飞行器前进方向(电机 0 为前方)与俯仰动作原理相同。如图 3-4 所示，在保持电机 0 和电机 2 的转速不变时，分别改变电机 1、电机 3 的转速，可使机身以机体

的 X 轴为旋转轴旋转。滚转动作实质上还会影响飞行器的左移和右移。

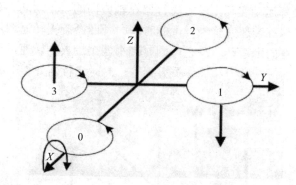

图 3-4 四旋翼飞行器的滚转运动

4．偏航运动(自旋)

偏航(转向)运动实际上是机体绕自身坐标 Z 轴的一个自旋转的过程。从单个旋翼来看，旋转中的旋翼会对机体有一个反扭矩。如果飞行器为单旋翼，那么在旋翼转动时，机身会朝反方向旋转。因此，多轴飞行器的旋翼个数均为偶数，而且正反转各一半。这样在飞行中，正反转旋翼的反扭矩会相互抵消。四旋翼飞行器的偏航运动实质上是通过四个旋翼转速不同而使扭矩不平衡的结果，即使机身绕机体坐标 Z 轴旋转。如图 3-5 所示，当电机 0 和电机 2 的转速上升，电机 1 和电机 3 转速下降时，电机 0、电机 2 的反扭矩大于电机 1、电机 3 的反扭矩，机身会以机体轴为转轴以电机旋转方向的反方向旋转。反之，当电机 1、电机 3 的转速上升，电机 0、电机 2 的转速下降时，机身会朝与电机 1、电机 3 转动方向的反方向旋转。

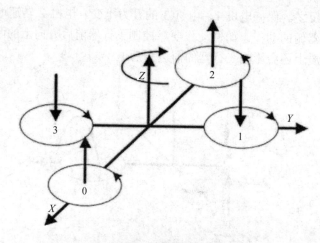

图 3-5 四旋翼飞行器的偏航运动

5．前后平移运动

以 X 轴正方向为飞行器前进方向(电机 0 为前方)，为了实现飞行器在水平面(X—Y 面)内左右、前后的动作，要在水平面内对飞行器施加作用力，使之发生倾斜，进而产生平移。在图 3-6 中，使飞行器稍微有一个俯仰运动，即电机 0 转速减小，电机 2 转速增加，此时飞行器有一个小的滚转动作。这时电机0下降,电机2上升,机身是俯的动作,机体产生倾斜,飞行器会朝机体X轴的正方向前进。向后飞行与向前飞行相反。

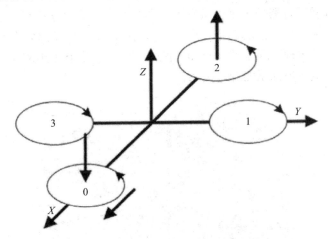

图 3-6　四旋翼飞行器的前后平移运动

6. 左右平移运动

在图 3-7 中,由于四旋翼飞行器结构上是对称的,侧向飞行的工作原理与前后运动一样,所不同的是电机1、电机3的功率增大或减小。侧向和前后运动可以看作是平移运动。

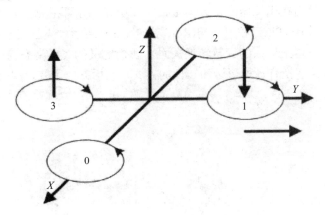

图 3-7　四旋翼飞行器的左右平移运动

3.2　四旋翼飞行器姿态的表示和运算

3.2.1　坐标系统的建立

四旋翼飞行器的关键在于其空间姿态的检测、控制和保持。要表征飞行器在空间中的姿态,必须建立一个空间的直角坐标系来为其姿态作出参照,这个坐标系被称为地理坐标系。因为四旋翼飞行器活动范围比较小,因此可以将地面视作是水平的。在这里,我们采用"东北天"地理坐标系来作为参照系。Z 轴的正方向指向天顶,负方向指向地理地面;X

轴的正方向指向地理上的正东，负方向指向地理上的正西；Y 轴的正方向指向北面，负方向指向南面。同时四旋翼飞行器本身作为刚体也存在着一个坐标系，称为机体坐标系，如图 3-8 所示。四旋翼飞行器处于平衡状态下，飞行器本身的坐标系和地理坐标系重合，机体坐标系的 Z 轴与地理坐标系的 Z 轴重合。四个电机及中心控制部分都分布在 XY 平面上。根据刚体的欧拉旋转定理，四旋翼飞行器在空间里的飞行姿态可用欧拉角来表示。欧拉角就是地理坐标系与机体坐标系的旋转关系。

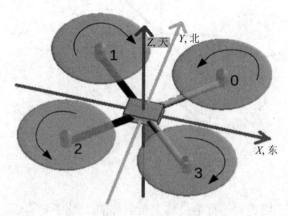

图 3-8　四旋翼飞行器的坐标系统

飞行器的姿态是指在飞行器的正方向上，用三个姿态角即通常所说的欧拉角表示，包括偏航角(Yaw)、俯仰角(Pitch)和滚转角(Roll)，如图 3-9 所示。飞行姿态是一个旋转变换，表示机体坐标系与地理坐标系的旋转转换关系，我们定义的飞行姿态为机体坐标系向地理坐标系的转换。旋转变换有多种表达和转换的方式，包括方向余弦、欧拉角、四元数法等。

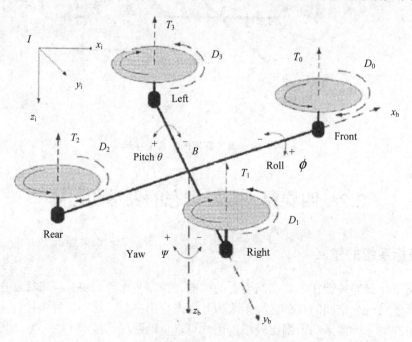

图 3-9　四旋翼飞行器的欧拉角

飞行器的姿态是指旋转上的某种变换。由欧拉旋转定理可知，一种姿态经过相互串联的一系列旋转可以变为另一个姿态。如果我们用矩阵表示旋转，旋转的串联就由矩阵乘法来实现。

3.2.2 四旋翼飞行器飞行姿态的表示和换算

1. 欧拉角

欧拉角是飞行器的三个姿态角即俯仰角(Pitch)、滚转角(Roll)和偏航角(Yaw)。根据欧拉旋转定律，可以用三次旋转使得飞行器本身的坐标系与地理参考坐标系重合。每一次旋转都是以机体坐标系的 X、Y、Z 轴中的一个坐标轴来转动，转过的角度即为欧拉角。三次坐标的变换，角度矩阵相乘的积，就是欧拉角姿态矩阵。其形式如下：

$$\boldsymbol{R}_x(\varphi) = \begin{bmatrix} 1 & 0 & 0 \\ 0 & \cos\varphi & \sin\varphi \\ 0 & -\sin\varphi & \cos\varphi \end{bmatrix}$$

$$\boldsymbol{R}_y(\theta) = \begin{bmatrix} \cos\theta & 0 & -\sin\theta \\ 0 & 1 & 0 \\ \sin\theta & 0 & \cos\theta \end{bmatrix} \tag{3-1}$$

$$\boldsymbol{R}_z(\psi) = \begin{bmatrix} \cos\psi & \sin\psi & 0 \\ -\sin\psi & \cos\psi & 0 \\ 0 & 0 & 1 \end{bmatrix}$$

最终的姿态矩阵与此三次转动的先后顺序是有关系的，一般我们按照 Z—Y—X 轴的顺序，得到以下姿态矩阵公式(3-2)：

$$\begin{aligned} \boldsymbol{A} &= \boldsymbol{R}_z(\psi)\boldsymbol{R}_y(\theta)\boldsymbol{R}_x(\varphi) \\ &= \begin{bmatrix} \cos\theta\cos\psi & \cos\theta\sin\psi & -\sin\theta \\ \sin\varphi\sin\theta\cos\psi - \cos\varphi\sin\psi & \sin\varphi\sin\theta\sin\psi + \cos\varphi\cos\psi & \sin\varphi\cos\theta \\ \cos\varphi\sin\theta\cos\psi + \sin\varphi\sin\psi & \cos\varphi\sin\theta\sin\psi - \sin\varphi\cos\psi & \cos\varphi\cos\theta \end{bmatrix} \end{aligned} \tag{3-2}$$

由此姿态矩阵 $\boldsymbol{A}$ 可看出，姿态矩阵采用欧拉角方式计算，三角函数运算比较多，在 MCU 上实现计算三角函数运算，运算量较大，运算速度缓慢。

2. 四元数法

采用四元数法，在于归一化后，计算组合旋转的时候比起用欧拉角或方向余弦的方法运算量大大减少。实际上是将角度变换到多维空间上进行计算，大大减小了计算量。

1 个四元数由 4 个实数组成，即

$$\boldsymbol{q} = \begin{bmatrix} w_q & x_q & y_q & z_q \end{bmatrix}^\mathrm{T} \tag{3-3}$$

假设 θ 是转过的角，是一个向量单位，则旋转的四元数表示法如式(3-4)所示：

$$p = \begin{cases} w_p = \cos\left(\dfrac{\theta}{2}\right) \\ x_p = x_\omega \sin\left(\dfrac{\theta}{2}\right) \\ y_p = y_\omega \sin\left(\dfrac{\theta}{2}\right) \\ z_p = z_\omega \sin\left(\dfrac{\theta}{2}\right) \end{cases} \tag{3-4}$$

四元数乘法的符号为 $\otimes$，则

$$r = p \otimes q \Leftrightarrow \begin{cases} w_r = w_p w_q - x_p x_q - y_p y_q - z_p z_q \\ x_r = w_p x_q + x_p w_q + y_p z_q - z_p y_q \\ y_r = w_p y_q - x_p z_q + y_p w_q - z_p x_q \\ z_r = w_p z_q + x_p y_q - y_p x_q + z_p w_q \end{cases} \tag{3-5}$$

四元数转换成矩阵 $\boldsymbol{R}$ 函数为

$$\boldsymbol{R}_{(q)} = \begin{bmatrix} 1 - 2y_q^2 - 2z_q^2 & 2x_q y_q - 2w_q z_q & 2x_q z_q + 2w_q y_q \\ 2x_q y_q + 2w_q z_q & 1 - 2x_q^2 - 2z_q^2 & 2y_q z_q - 2w_q x_q \\ 2x_q z_q - 2w_q y_q & 2y_q z_q + 2w_q x_q & 1 - 2x_q^2 - 2y_q^2 \end{bmatrix} \tag{3-6}$$

由四元数姿态矩阵 $\boldsymbol{R}$ 可以看出，四元数姿态矩阵的运算较为简便，基本由加减乘以及平方构成，运算量减少很多。

3．欧拉角转换为四元数

刚体绕固定点的任意有限的位移，可由通过此点的某一个轴转过一个角度来得到。假设刚体旋转的角速度为 ω，那么在单位时间 Δt 内，此转动轴的方向就是 e，即

$$e = \dfrac{\omega}{|\omega|} \tag{3-7}$$

所转过的角度 ϕ 为

$$\phi = |\omega| \Delta t \tag{3-8}$$

ϕ 的四元数的表示式为

$$q = (q_0, q_1, q_2, q_3)^{\mathrm{T}} = \begin{bmatrix} q_0 \\ \boldsymbol{q} \end{bmatrix} = \begin{bmatrix} \cos\left(\dfrac{\phi}{2}\right) \\ e \sin\left(\dfrac{\phi}{2}\right) \end{bmatrix} \tag{3-9}$$

约束条件为

$$q_0^2 + q_1^2 + q_2^2 + q_3^2 = 1 \tag{3-10}$$

第 3 章 四旋翼飞行器的飞行原理、飞行姿态及滤波算法

超复数的形式为

$$q = \cos\left(\frac{\phi}{2}\right) + i\sin\left(\frac{\phi}{2}\right) + j\sin\left(\frac{\phi}{2}\right) + k\sin\left(\frac{\phi}{2}\right) \tag{3-11}$$

代入换角公式

$$\cos\phi = 2\cos^2\frac{\phi}{2} - 1, \quad \sin\phi = 2\sin\frac{\phi}{2}\cos\frac{\phi}{2}$$

就可以将四元数化为姿态矩阵:

$$A = \begin{bmatrix} q_0^2 + q_1^2 - q_2^2 - q_3^2 & 2(q_1q_2 + q_0q_3) & 2(q_1q_3 - q_0q_2) \\ 2(q_1q_2 - q_0q_3) & q_0^2 - q_1^2 + q_2^2 - q_3^2 & 2(q_2q_3 + q_0q_1) \\ 2(q_1q_3 + q_0q_2) & 2(q_2q_3 - q_0q_1) & q_0^2 - q_1^2 - q_2^2 + q_3^2 \end{bmatrix} \tag{3-12}$$

这样就是将欧拉角转换为四元数矩阵,从而方便计算姿态矩阵。

4. 四元数转换为欧拉角

三个欧拉角的公式如下:

$$\begin{aligned} \varphi &= \arctan\left(\frac{A(2,3)}{A(3,3)}\right) \\ \theta &= \arcsin(A(1,3)) \\ \psi &= \arctan\left(\frac{A(1,2)}{A(1,1)}\right) \end{aligned} \tag{3-13}$$

将四元数代入式(3-13)得:

$$\begin{aligned} \varphi &= \arctan\left(\frac{2(q_2q_3 + q_0q_1)}{q_0^2 - q_1^2 - q_2^2 + q_3^2}\right) \\ \theta &= \arcsin(-2(q_1q_3 - q_0q_2)) \\ \psi &= \arctan\left(\frac{2(q_1q_2 + q_0q_3)}{q_0^2 + q_1^2 + q_2^2 + q_3^2}\right) \end{aligned} \tag{3-14}$$

由此通过四元数得到三个欧拉角(Roll、Pitch、Yaw),从而得到飞行器的姿态。可以看出,只要计算出四元数 q_0、q_1、q_2、q_3 就能够得到三个欧拉角,计算量大大减轻。

3.3 滤波算法以及修正融合

如何获取飞行器当前姿态的数据是飞控系统控制四旋翼飞行器达到平衡浮空的基本前提。当采用陀螺仪等需要积分的传感器时,还需要考虑积分的发散性等问题。近年来陀螺仪、加速度计等微机电传感器越来越成熟,应用越来越广泛,成为低成本姿态测量的首选器件,因此本节测量飞行器姿态使用的传感器是陀螺仪以及加速度计。由于存在累积误差、温度漂移和干扰,在使用传感器的值进行姿态的计算之前,要校正相应的传感器。

常用的微机电(MEMS)传感器是加速度计和陀螺仪。加速度计测量的对象是加速度,通过比照重力加速度,可以用加速度计测量值来计算出加速度与重力加速度的角度。但是加速度计测量的加速度数据对外部干扰(如振动)非常敏感,当运用在飞行器上时,经过实测数据分析,加速度计测得的数据值存在非常多的噪声。这些噪声主要由电机和螺旋桨的高速转动引起。相比加速度计,陀螺仪测量的数据是角速度。由于其测量数据变化较为缓慢,陀螺仪本身对外部影响不敏感。但是角速度要通过积分才能计算出角度,除了前面提及的零度漂移,还会有累积的误差,运行时间越长,累积误差越大,会引起姿态数据错误。此时计算出来的四元数包含了误差及噪声。所以,我们须在系统中加入有效的滤波算法,滤除噪声,以还原 X、Y、Z 三个轴的加速度,同时将角速度和加速度进行融合,校正陀螺仪的累积误差,从而得到四旋翼飞行器的姿态,即三轴欧拉角。

3.3.1 互补滤波和梯度下降算法

在介绍这两种算法时,我们仍需要用到先前定义的两个坐标系:导航坐标系(参考坐标系)n、载体坐标系(机体坐标系)b,如图 3-10 所示。选取右手直角坐标系定义:四旋翼向右为 X 轴正方向,向前为 Y 轴正方向,向上为 Z 轴正方向。

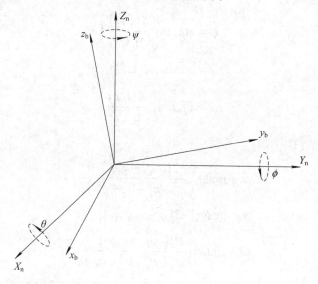

图 3-10 坐标系统

1. 互补滤波算法

通过加速度计的输出稳定性来修正陀螺仪的积分漂移误差(通过修正陀螺仪的测量角速度来实现),也就是利用加速度计来修正陀螺仪。

取导航坐标系中的标准重力加速度 g,定义为 $g^n = \begin{bmatrix} 0 & 0 & 1 \end{bmatrix}^T$,那么将 g^n 转换至载体坐标系 b 中的表达式就为 $g^b = C_n^b g^n$,则有以下计算公式:

$$g^b = C_n^b g^n = \begin{bmatrix} 2(q_1 q_3 - q_0 q_2) \\ 2(q_2 q_3 + q_0 q_1) \\ q_0^2 - q_1^2 - q_2^2 + q_3^2 \end{bmatrix} \tag{3-15}$$

定义载体坐标系 b 中加速度计的输出为 a。由于重力加速度为标准重力加速度，这里要对加速度计输出归一化后才能继续运算，因此归一化后的载体坐标系加速度计输出为

$$a^b = \begin{bmatrix} a_x/\|a\| & a_y/\|a\| & a_z/\|a\| \end{bmatrix}$$

对 a^b 和 g^b 做向量积运算，即可得到对陀螺仪的补偿校正误差 $e(\omega)$：

$$e(\omega) = g^b \times a^b \tag{3-16}$$

在式(3-16)中，×表示向量积运算，坐标运算公式为 $\boldsymbol{a} = (a_x, a_y, a_z)$，$\boldsymbol{b} = (b_x, b_y, b_z)$，因此有：

$$\boldsymbol{a} \times \boldsymbol{b} = (a_y - b_z)\boldsymbol{i} + (a_z b_x - a_x b_z)\boldsymbol{j} + (a_x b_y - a_y b_x)\boldsymbol{k} \tag{3-17}$$

采用 PI 控制器来消除误差：

$$e^*(\omega) = K_P e(\omega) + K_I \int_0^t e(\omega) \mathrm{d}t \tag{3-18}$$

其中，$e^*(\omega)$ 为陀螺仪的校正补偿项，$K_I \int_0^t e(\omega)\mathrm{d}t$ 采用离散累加来计算。将 $e^*(\omega)$ 补偿到陀螺仪后，再由四元数微分方程计算出最后的姿态。

互补滤波的代码如下：

```
float recipNorm;
float halfvx, halfvy, halfvz;
float halfex, halfey, halfez;
float qa, qb, qc;
float delta;

gx = gx*DEG2RAD;
gy = gy*DEG2RAD;
gz = gz*DEG2RAD;

if(!((ax == 0.0f) && (ay == 0.0f) && (az == 0.0f)))
{
    arm_sqrt_f32(ax*ax + ay*ay + az * az, &recipNorm);
    ax /= recipNorm;
    ay /= recipNorm;
    az /= recipNorm;

    halfvx = att.q[1]*att.q[3] - att.q[0]*att.q[2];
    halfvy = att.q[0]*att.q[1] + att.q[2]*att.q[3];
    halfvz = att.q[0]*att.q[0] - 0.5f + att.q[3]*att.q[3];
```

```
        halfex = (ay*halfvz - az*halfvy);
        halfey = (az*halfvx - ax*halfvz);
        halfez = (ax*halfvy - ay*halfvx);

        if(g_twoKi > 0.0f)
        {
            g_integralFBx += g_twoKi*halfex*CNTLCYCLE;
            g_integralFBy += g_twoKi*halfey*CNTLCYCLE;
            g_integralFBz += g_twoKi*halfez*CNTLCYCLE;
            gx += g_integralFBx;
            gy += g_integralFBy;
            gz += g_integralFBz;
        }
        else
        {
            g_integralFBx = 0.0f;
            g_integralFBy = 0.0f;
            g_integralFBz = 0.0f;
        }
        gx += g_twoKp*halfex;
        gy += g_twoKp*halfey;
        gz += g_twoKp*halfez;
    }

    gx *= (0.5f*CNTLCYCLE);
    gy *= (0.5f*CNTLCYCLE);
    gz *= (0.5f*CNTLCYCLE);
    qa = att.q[0];
    qb = att.q[1];
    qc = att.q[2];

    delta = (CNTLCYCLE*gx)*(CNTLCYCLE*gx) + (CNTLCYCLE*gy)*(CNTLCYCLE*gy) +
        (CNTLCYCLE*gz)*(CNTLCYCLE*gz);
    att.q[0] = (1.0f - delta / 8.0f)*att.q[0] + (-qb*gx - qc*gy - att.q[3]*gz);
    att.q[1] = (1.0f - delta / 8.0f)*att.q[1] + ( qa*gx + qc*gz - att.q[3]*gy);
    att.q[2] = (1.0f - delta / 8.0f)*att.q[2] + ( qa*gy - qb*gz + att.q[3]*gx);
    att.q[3] = (1.0f - delta / 8.0f)*att.q[3] + ( qa*gz + qb*gy -    qc*gx);

    arm_sqrt_f32(att.q[0]*att.q[0] + att.q[1]*att.q[1] + att.q[2]*att.q[2] + att.q[3]*att.q[3], &recipNorm);
```

```
att.q[0] /= recipNorm;
att.q[1] /= recipNorm;
att.q[2] /= recipNorm;
att.q[3] /= recipNorm;

att.angle[PITCH] = atan2(2.0f*att.q[2]*att.q[3] + 2.0f*att.q[0]*att.q[1], -2.0f*att.q[1]*att.q[1] –
            2.0f*att.q[2]* att.q[2] + 1.0f)*RAD2DEG;             // Pitch
att.angle[ROLL] = asin(-2.0f*att.q[1]*att.q[3] + 2.0f*att.q[0]* att.q[2])*RAD2DEG;
att.angle[YAW] = atan2(2.0f*att.q[1]*att.q[2] + 2.0f*att.q[0]*att.q[3], -2.0f*att.q[3]*att.q[3] –
            2.0f*att.q[2]*att.q[2] + 1.0f)*RAD2DEG;             // Yaw
```

2. 梯度下降算法

梯度下降法的思想与互补滤波相同，都是用加速度计的稳定性来补偿陀螺仪的漂移。不同点是，梯度下降法是由加速度计计算出一组姿态四元数 q_∇，再将其和陀螺仪计算出来的姿态四元数 q_ω 进行融合。互补滤波算法是利用中立即速度转换到 b 系后与归一化的 b 系加速度计输出做向量积，从而求得陀螺仪的校正误差，以此来校正陀螺仪。

因为在求解 q_∇ 中用了梯度下降的原理，因此被称为梯度下降算法。

首选构造目标函数 $f(g^n, a^b)$，即

$$f(g^n, a^b) = C_n^b g^n - a^b = \begin{bmatrix} 2(q_1 q_3 - q_0 q_2) \\ 2(q_2 q_3 + q_0 q_1) \\ q_0^2 - q_1^2 - q_2^2 + q_3^2 \end{bmatrix} \tag{3-19}$$

对目标函数求偏导得到对应的雅可比矩阵 $\boldsymbol{J}(q)$，即

$$\boldsymbol{J}(q) = \frac{\alpha f(g^n, a^b)}{\alpha q} = \begin{bmatrix} -2q_2 & 2q_3 & -2q_0 & 2q_1 \\ 2q_1 & 2q_0 & 2q_3 & 2q_2 \\ 2q_0 & -2q_1 & -2q_2 & 2q_3 \end{bmatrix} \tag{3-20}$$

再由雅可比矩阵求出对应目标函数的梯度：

$$\nabla f(g^n, a^b) = \boldsymbol{J}^T(q) f(g^n, a^b)$$
$$= \begin{bmatrix} 4q_0 q_2^2 + 2q_2 a_x + 4q_0 q_1^2 - 2q_1 a_z \\ 4q_1 q_3^2 - 2q_3 a_x + 4q_1 q_0^2 - 2q_0 a_y - 4q_1 + 8q_1^3 + 8q_1 q_2^2 + 4q_1 a_z \\ 4q_2 q_0^2 - 2q_0 a_x + 4q_2 q_3^2 - 2q_3 a_y - 4q_2 + 8q_2^3 + 8q_2 q_1^2 + 4q_2 a_z \\ 4q_3 q_1^2 + 2q_1 a_x + 4q_3 a_x + 4q_3 q_2^2 - 2q_2 a_y \end{bmatrix} \tag{3-21}$$

根据梯度下降法的定义有：

$$q_{\nabla,k} = q_{\nabla,k-1} - \mu \frac{\nabla f(g^n, a^b)}{\left\| \nabla f(g^n, a^b) \right\|} \tag{3-22}$$

式中，μ 为梯度下降的步长。然后对将陀螺仪计算出来的姿态 q_ω 和梯度下降法求出来的姿态 q_∇ 进行融合，得：

$$q_{est,k} = \chi q_{\nabla,k} + (1-\chi) q_{\omega,k} \tag{3-23}$$

其中 χ 为权重，并且满足 $0 < \chi < 1$。上述公式取得最优姿态解的条件为 $q_{\nabla,k}$ 的收敛速度和 $q_{\omega,k}$ 的发散速度相等，因此可得：

$$(1-\chi)\beta = \frac{\chi\mu}{T_s} \tag{3-24}$$

式中，T_s 为系统的采样周期，β 为陀螺仪的测量误差。因为四旋翼在高速运行下，μ 比较大，所以式(3-24)可近似为

$$\chi \approx \frac{\beta T_s}{\mu} \approx 0 \tag{3-25}$$

由梯度下降计算公式 $q_{\nabla,k} = q_{\nabla,k-1} - \mu \dfrac{\nabla f(g^n, a^b)}{\|\nabla f(g^n, a^b)\|}$ 来说，上一次的姿态可以忽略，直接由梯度负方向迭代到目标姿态，即可以重新定义为

$$q_{\nabla,k} = -\mu \frac{\nabla f(g^n, a^b)}{\|\nabla f(g^n, a^b)\|} \tag{3-26}$$

由陀螺仪计算的姿态四元数公式为

$$q_{\omega,k} = q_{est,k-1} + \dot{q}_{\omega,k} T_s \tag{3-27}$$

将 $\chi \approx \dfrac{\beta T_s}{\mu} \approx 0$、$q_{\nabla,k} = -\mu \dfrac{\nabla f(g^n, a^b)}{\|\nabla f(g^n, a^b)\|}$ 和 $q_{\omega,k} = q_{est,k-1} + \dot{q}_{\omega,k} T_s$ 代入式(3-23)得到：

$$q_{est,k} = \frac{\beta T_s}{\mu}\left(-\mu \frac{\nabla f(g^n, a^b)}{\|\nabla f(g^n, a^b)\|}\right) + (1-0)(q_{est,k-1} + \dot{q}_{\omega,k} T_s) \tag{3-28}$$

将上述公式简单定义为

$$q_{est,k} = q_{est,k-1} + \dot{q}_{\omega,k} T_s \tag{3-29}$$

其中 $\dot{q}_{\omega,k} = \dot{q}_{\omega,k-1} - \mu \dfrac{\nabla f(g^n, a^b)}{\|\nabla f(g^n, a^b)\|}$，因此可以得到梯度下降算法的姿态融合公式：

$$q_{\omega,k} = q_{\omega,k-1} + \left(\dot{q}_{\omega,k} - \mu \frac{\nabla f(g^n, a^b)}{\|\nabla f(g^n, a^b)\|}\right) T_s \tag{3-30}$$

梯度下降的代码如下：

```
void MadgwickAHRSupdate(float gx, float gy, float gz, float ax, float ay, float az, float mx, float my, float mz) {
    float recipNorm;
    float s0, s1, s2, s3;
    float qDot1, qDot2, qDot3, qDot4;
    float hx, hy;
    float _2q0mx, _2q0my, _2q0mz, _2q1mx, _2bx, _2bz, _4bx, _4bz, _2q0, _2q1, _2q2, _2q3, _2q0q2, _2q2q3, q0q0, q0q1, q0q2, q0q3, q1q1, q1q2, q1q3, q2q2, q2q3, q3q3;

    // Use IMU algorithm if magnetometer measurement invalid (avoids NaN in magnetometer normalisation)
    if((mx == 0.0f) && (my == 0.0f) && (mz == 0.0f)) {
        MadgwickAHRSupdateIMU(gx, gy, gz, ax, ay, az);
        return;
    }

    // Rate of change of quaternion from gyroscope
    qDot1 = 0.5f*(-q1*gx - q2*gy - q3*gz);
    qDot2 = 0.5f*(q0*gx + q2*gz - q3*gy);
    qDot3 = 0.5f*(q0*gy - q1*gz + q3*gx);
    qDot4 = 0.5f*(q0*gz + q1*gy - q2*gx);

    // Compute feedback only if accelerometer measurement valid (avoids NaN in accelerometer normalisation)
    if(!((ax == 0.0f) && (ay == 0.0f) && (az == 0.0f))) {

        // Normalise accelerometer measurement
        recipNorm = invSqrt(ax*ax + ay*ay + az*az);
        ax *= recipNorm;
        ay *= recipNorm;
        az *= recipNorm;

        // Normalise magnetometer measurement
        recipNorm = invSqrt(mx*mx + my*my + mz*mz);
        mx *= recipNorm;
        my *= recipNorm;
        mz *= recipNorm;
```

```
// Auxiliary variables to avoid repeated arithmetic
_2q0mx = 2.0f*q0*mx;
_2q0my = 2.0f*q0*my;
_2q0mz = 2.0f*q0*mz;
_2q1mx = 2.0f*q1*mx;
_2q0 = 2.0f*q0;
_2q1 = 2.0f*q1;
_2q2 = 2.0f*q2;
_2q3 = 2.0f*q3;
_2q0q2 = 2.0f*q0*q2;
_2q2q3 = 2.0f*q2*q3;
q0q0 = q0*q0;
q0q1 = q0*q1;
q0q2 = q0*q2;
q0q3 = q0*q3;
q1q1 = q1*q1;
q1q2 = q1*q2;
q1q3 = q1*q3;
q2q2 = q2*q2;
q2q3 = q2*q3;
q3q3 = q3*q3;

// Reference direction of Earth's magnetic field
hx = mx*q0q0 - _2q0my*q3 + _2q0mz*q2 + mx*q1q1 + _2q1*my*q2 +
    _2q1*mz*q3 - mx*q2q2 - mx*q3q3;
hy = _2q0mx*q3 + my*q0q0 - _2q0mz*q1 + _2q1mx*q2 - my*q1q1 +
    my*q2q2 + _2q2*mz*q3 - my*q3q3;
_2bx = sqrt(hx*hx + hy*hy);
_2bz = -_2q0mx*q2 + _2q0my*q1 + mz*q0q0 + _2q1mx*q3 - mz*q1q1 +
    _2q2*my*q3 - mz*q2q2 + mz*q3q3;
_4bx = 2.0f*_2bx;
_4bz = 2.0f*_2bz;

// Gradient decent algorithm corrective step
s0 = -_2q2*(2.0f*q1q3 - _2q0q2 - ax) + _2q1*(2.0f*q0q1 + _2q2q3 - ay) -
    _2bz*q2*(_2bx*(0.5f - q2q2 - q3q3) + _2bz*(q1q3 - q0q2) - mx) +
    (-_2bx*q3 + _2bz*q1)*(_2bx*(q1q2 - q0q3) + _2bz*(q0q1 + q2q3) - my) +
    _2bx*q2*(_2bx*(q0q2 + q1q3) + _2bz*(0.5f - q1q1 - q2q2) - mz);
s1 = _2q3*(2.0f*q1q3 - _2q0q2 - ax) + _2q0*(2.0f*q0q1 + _2q2q3 - ay) -
```

第3章 四旋翼飞行器的飞行原理、飞行姿态及滤波算法

```
        4.0f*q1*(1 - 2.0f*q1q1 - 2.0f*q2q2 - az) + _2bz*q3*(_2bx*(0.5f - q2q2 - q3q3) +
        _2bz*(q1q3 - q0q2) - mx) + (_2bx*q2 + _2bz*q0)*(_2bx*(q1q2 - q0q3) +
        _2bz*(q0q1 + q2q3) - my) + (_2bx*q3 - _4bz*q1)*(_2bx*(q0q2 + q1q3) +
        _2bz*(0.5f - q1q1 - q2q2) - mz);
    s2 = -_2q0*(2.0f*q1q3 - _2q0q2 - ax) + _2q3*(2.0f*q0q1 + _2q2q3 - ay) -
        4.0f*q2*(1 - 2.0f*q1q1 - 2.0f*q2q2 - az) + (-_4bx*q2 - _2bz*q0)*(_2bx*(0.5f - q2q2 - q3q3) +
        + _2bz*(q1q3 - q0q2) - mx) + (_2bx*q1 + _2bz*q3)*(_2bx*(q1q2 - q0q3) +
        _2bz*(q0q1 + q2q3) - my) + (_2bx*q0 - _4bz*q2)*(_2bx*(q0q2 + q1q3) +
        _2bz*(0.5f - q1q1 - q2q2) - mz);
    s3 = _2q1*(2.0f*q1q3 - _2q0q2 - ax) + _2q2*(2.0f*q0q1 + _2q2q3 - ay) +
        (-_4bx*q3 + _2bz*q1)*(_2bx*(0.5f - q2q2 - q3q3) + _2bz*(q1q3 - q0q2) - mx) +
        (-_2bx*q0 + _2bz*q2)*(_2bx*(q1q2 - q0q3) + _2bz*(q0q1 + q2q3) - my) +
        _2bx*q1*(_2bx*(q0q2 + q1q3) + _2bz*(0.5f - q1q1 - q2q2) - mz);
    recipNorm = invSqrt(s0*s0 + s1*s1 + s2*s2 + s3*s3);    // normalise step magnitude
    s0 *= recipNorm;
    s1 *= recipNorm;
    s2 *= recipNorm;
    s3 *= recipNorm;

    // Apply feedback step
    qDot1 -= beta*s0;
    qDot2 -= beta*s1;
    qDot3 -= beta*s2;
    qDot4 -= beta*s3;
}

// Integrate rate of change of quaternion to yield quaternion
q0 += qDot1*(1.0f / sampleFreq);
q1 += qDot2*(1.0f / sampleFreq);
q2 += qDot3*(1.0f / sampleFreq);
q3 += qDot4*(1.0f / sampleFreq);

// Normalise quaternion
recipNorm = invSqrt(q0*q0 + q1*q1 + q2*q2 + q3*q3);
q0 *= recipNorm;
q1 *= recipNorm;
q2 *= recipNorm;
q3 *= recipNorm;
}
```

3.3.2 卡尔曼滤波

互补滤波和梯度下降姿态解算算法，虽然在姿态解算方面效果还不错，但它们都有一个缺点，那就是这两种算法并没有把传感器的噪声和系统的噪声考虑在内。因此为了进一步提高算法的精度和性能，提出了卡尔曼滤波器(KF)的姿态估计算法。

卡尔曼滤波器的适用范围为线性系统。

图 3-11 为卡尔曼滤波器流程图。

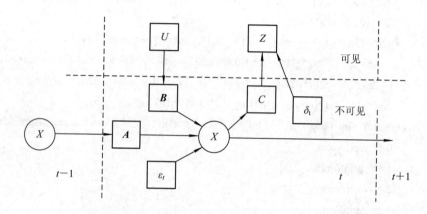

图 3-11 卡尔曼滤波器流程图

因此可以得到卡尔曼滤波器的模型为

$$\begin{aligned} x_t &= A_t x_{t-1} + B_t u_t + \varepsilon_t \\ z_t &= C_t x_t + \delta_t \end{aligned} \tag{3-31}$$

其中，$x_t = A_t x_{t-1} + B_t u_t + \varepsilon_t$ 在卡尔曼滤波器中被称作预测模型，表示当前的状态 x_t 受前一时刻的状态 x_{t-1} 和本次的控制量 u_t 的影响。A 表示状态转移矩阵，是一种线性关系的矩阵。B 表示系统噪声驱动阵，B 形容的也是一种线性关系。ε_t 和 δ_t 均为满足高斯分布的噪声。$z_t = C_t x_t + \delta_t$ 在卡尔曼滤波器中被称作观测模型，表示的也是一种线性关系。该式表明在 t 时刻，我们可以由以下两种方式获得当前 t 时刻的状态估计：

一是来源于预测模型的预测的先验状态 $\overline{x}_{t|t}$，根据上一时刻的状态量 x_{t-1} 和本次的控制量 u_t 推导而来。表示在 t 时刻来临之前就可以获取这个状态。这就好像四旋翼姿态解算中的陀螺仪微分方程，可以预测下一时刻的姿态。

二是来源于观测模型，在 t 时刻的测量值可以反过来更新当前状态 $\overline{x}_{t|t}$。这就像是从 IMU 传感器中读取测量值后来解算当前的姿态。

将两种方式得到的当前状态量融合，就可以得到更加精确的当前状态：

$$x_t = \overline{x}_{t|t} + K_t \left(z_t - C_t \overline{x}_{t|t} \right) \tag{3-32}$$

其中，K_t 为卡尔曼增益；$\left(z_t - C_t \overline{x}_{t|t} \right)$ 为测量余差，表示实际测量值与预测测量值之间的偏移。

卡尔曼滤波的五条重要公式如下：

(1) $x_{t|t} = A_t x_{x-1} + B_t u_t$ ；

(2) $\bar{\Sigma}_t = A_t \Sigma_{t-1} A_t^{\mathrm{T}} + R_t$ ；

(3) $K_t = \bar{\Sigma}_t C_t^{\mathrm{T}} \left(C_t \bar{\Sigma}_t C_t^{\mathrm{T}} + Q_t \right)^{-1}$ ；

(4) $x_t = \bar{x}_{t|t} + K_t \left(z_t - C_t \bar{x}_{t|t} \right)$ ；

(5) $\Sigma_t = \left(I - K_t C_t \right) \bar{\Sigma}_t$ ；

卡尔曼滤波的推导中两个重要变量：$x_{t|t}$，在 t 时刻的状态估计；$\bar{\Sigma}_{t|t}$，在 t 时刻时误差协方差矩阵。

卡尔曼滤波操作包括两个阶段：预测和校正。

(1) 预测(时间更新)：

$x_{t|t} = A_t x_{x-1} + B_t u_t$ (预测状态)

$\bar{\Sigma}_t = A_t \Sigma_{t-1} A_t^{\mathrm{T}} + R_t$ (预测协方差矩阵)

(2) 校正(测量更新)：

$K_t = \bar{\Sigma}_t C_t^{\mathrm{T}} \left(C_t \bar{\Sigma}_t C_t^{\mathrm{T}} + Q_t \right)^{-1}$ (计算卡尔曼增益)

$x_t = \bar{x}_{t|t} + K_t \left(z_t - C_t \bar{x}_{t|t} \right)$ (通过测量值更新当前的估计状态)

$\Sigma_t = \left(I - K_t C_t \right) \bar{\Sigma}_t$ (更新协方差)

卡尔曼公式推导如下：

首先输入上一时刻 $t-1$ 的已知量 x_{t-1}、Σ_{t-1}、u_t、z_t，求出当前时刻的预测值 $\bar{x}_{t|t}$ 和 $\bar{\Sigma}_t$。

$$\begin{aligned}
\bar{x}_{t|t} &= E\left(x_{t|u_{1:t}}\right) = E\left(A_t x_{t-1} + B_t u_t + \varepsilon_{t|u_{1:t}}\right) \\
&= B_t u_t + E\left(A_t x_{t-1|u_{1:t}}\right) + E(\varepsilon_t) = B_t u_t + A_t x_{t-1} + 0 \\
\Sigma_t &= V\left(x_t - \bar{x}_{t|t}\right) = V\left(A_t x_{t-1} + B_t u_t + \varepsilon_t - \bar{x}_{t|t}\right) \\
&= V\left(A_t x_{t-1}\right) + V\left(B_t u_t\right) + V\left(\varepsilon_t\right) \\
&= A_t \Sigma_{t-1} A_t^{\mathrm{T}} + 0 + R_t
\end{aligned} \tag{3-33}$$

然后计算卡尔曼增益 K_t：

$$E(x_t) = \bar{x}_{t|t}, E(z_t) = C_t \bar{x}_{t|t}$$

$$V(x_t, z_t) = \begin{pmatrix} V(x_t) & \text{cov}(x_t, z_t) \\ \text{cov}(z_t, x_t) & V(z_t) \end{pmatrix} \quad (3\text{-}34)$$

$$V(x_t) = \bar{\Sigma}_t \quad V(z_t) = V(C_t x_t + \delta_t) = C_t \bar{\Sigma}_t C_t^T + Q_t$$

得到：

$$x_t = \bar{x}_{t|t} + \bar{\Sigma}_t C_t^T (C_t \bar{\Sigma}_t C_t^T + Q_t)^{-1} (z_t - C_t \bar{x}_{t|t}) \quad (3\text{-}35)$$

$$K_t = \bar{\Sigma}_t C_t^T (C_t \bar{\Sigma}_t C_t^T + Q_t)^{-1} \quad (3\text{-}36)$$

这个公式说明了一个卡尔曼滤波绝妙之处：如果测量结果无误差，即 Q 为 0 时，由 $K_t = \dfrac{1}{C_t}$ 代入预测模型可知，只剩下了测量部分。如果预测值得到的协方差矩阵 $\bar{\Sigma}_t$ 为 0，即说明预测结果无误差，则只剩下预测部分。因此，K_t 会根据测量值和预测值的信任程度来调节权重。

下面到了 KF 中最精华的一步了，现在我们有了对状态的预测值和协方差，同时也收集到了对状态的测量值，这时就可以通过卡尔曼增益来计算状态估计值了，计算公式如下：

$$x_t = \bar{x}_{t|t} + K_t (z_t - C_t \bar{x}_{t|t}) \quad (3\text{-}37)$$

K_t 越大，表明越相信测量值，反之越相信预测值。

最后更新当前状态的协方差矩阵：

$$\Sigma_t = (I - K_t C_t) \bar{\Sigma}_t \quad (3\text{-}38)$$

图 3-12 为卡尔曼滤波框图。

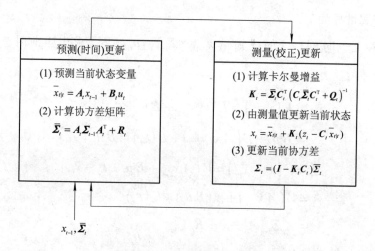

图 3-12 卡尔曼滤波框图

3.4 PID 控制算法

四轴飞行器关键技术在于控制策略。由于智能控制算法在运行复杂的浮点型运算以及矩阵运算时微处理器计算能力受限,难以达到飞行控制实时性的要求,而 PID 控制简单,易于实现,且技术成熟,因此目前主流的控制策略主要是围绕传统的 PID 控制展开。

3.4.1 四旋翼飞行器的控制原理

四轴飞行器的螺旋桨与空气发生相对运动,产生了向上的升力,当升力大于四轴的重力时,四轴飞行器就可以起飞了。

四轴飞行器飞行过程中如何保持水平呢?

我们先假设一种理想状况,四个电机的转速是完全相同的,当转速超过一个临界点时(升力刚好抵消重力),四轴可以平稳地飞起来吗?

答案是否定的,由于四个电机转向相同,四轴会发生旋转。正确的答案是,只要控制四轴电机 1 和电机 3 同向(逆时针旋转),电机 2 和电机 4 反向(顺时针旋转),就能使正反扭矩抵消,巧妙地实现平衡,如图 3-13 所示。

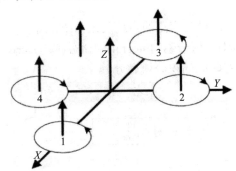

图 3-13 向上运动

实际上,由于电机和螺旋桨本身制造的差异无法做到四个电机转速完全相同,很有可能飞行器起飞之后就侧翻。这时候可能会想到用遥控器来控制电机,下面来看一下向右侧翻的情况,如图 3-14 所示。

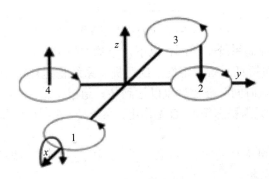

图 3-14 向右侧翻

由于电机的不平衡,在人眼的观察下发现飞机向右侧翻,当右侧电机 1 和电机 2 转速提高,升力增加时,飞机就归于平衡。由于飞机是一个动态系统,因而在接下来我们会一直重复"观察→大脑计算→控制→观察→大脑计算→控制"这一过程,如图 3-15 所示。

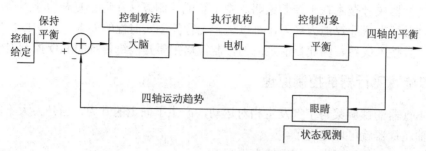

图 3-15 人力控制回路

但事实上这是不可能的,因为人无法长时间精确地同时控制四个电机。我们需要一个自动反馈系统替代人的操作来完成飞机的自稳定,也就是控制飞机的方向和高度。这个系统中的反馈由姿态传感器替代眼睛,而大脑则由单片机来替代。这时候就用到 PID 控制系统了。

3.4.2 PID 控制理论

PID 控制是最常见、应用最为广泛的自动反馈系统,如图 3-16 所示。PID 控制器通过偏差的比例(P,Proportional)、积分(I,Integral)和微分(D,Derivative)控制被控对象。这里的积分或微分,都是偏差对时间的积分或微分。

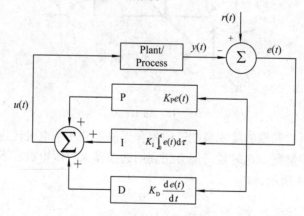

图 3-16 PID 控制原理图

对于一个自动反馈控制系统来说,有以下几个基本的指标。

(1) 稳定性(P 和 I 可降低系统稳定性,D 可提高系统稳定性):在平衡状态下,系统受到某个干扰后,经过一段时间其被控量可以达到某一稳定状态。

(2) 准确性(P 和 I 可提高稳态精度,D 无作用):系统处于稳态时,其稳态误差(Steady-state error)。

(3) 快速性(P 和 D 可提高响应速度,I 可降低响应速度):系统对动态响应的要求。一般由过渡时间的长短来衡量。

1. 比例(P)控制

比例控制是一种最简单的控制方式。其控制器的输出与输入误差信号成比例关系。当仅有比例控制时,系统输出存在稳态误差。比例项输出公式如下:

$$P_{\text{out}} = K_P e(t) \tag{3-39}$$

2. 积分(I)控制

在积分控制中,控制器的输出与输入误差信号的积分成正比关系。只有比例控制的系统存在着稳态误差,为了消除稳态误差,在控制器中必须引入"积分项"。积分项是误差对时间的积分,随着时间的增加,积分项会增大。这样,即便误差很小,积分项也会随着时间的增加而加大,它推动控制器的输出增大,使稳态误差进一步减小,直到等于零。因此,比例积分控制器可以使系统在进入稳态后无稳态误差。积分项输出公式如下:

$$I_{\text{out}} = K_i \int_0^t e(T) \, \mathrm{d}\tau \tag{3-40}$$

3. 微分(D)控制

在微分控制中,控制器的输出与输入误差信号的微分成正比关系。微分调节就是偏差值的变化率。使用微分调节能够实现系统的超前控制。如果输入的偏差值出现线性变化,则需要在调节器输出侧叠加一个恒定的调节量。大部分控制系统不需要调节微分时间,因为只有时间滞后的系统才需要附加这个参数。微分项输出公式如下:

$$D_{\text{out}} = K_D \frac{\mathrm{d}}{\mathrm{d}t} e(t) \tag{3-41}$$

综上所述就可以得到一个 PID 控制数学表达式:

$$u(t) = \text{MV}(t) = K_P e(t) + K_I \int_0^t e(\tau) \, \mathrm{d}\tau + K_D \frac{\mathrm{d}}{\mathrm{d}t} e(t) \tag{3-42}$$

观察 PID 的公式可以发现:K_P 乘以误差 $e(t)$,用以消除当前误差;积分项系数 K_I 乘以误差 $e(t)$ 的积分,用于消除历史误差积累,可以达到无差调节;微分项系数 K_D 乘以误差 $e(t)$ 的微分,用于消除误差变化,也就是保证误差恒定不变。由此可见,P 控制是一个调节系统中的核心,用于消除系统的当前误差;I 控制是为了消除 P 控制余留的静态误差而辅助存在的;D 控制所占的权重最少,只是为了增强系统稳定性,增加系统阻尼程度,修改 PI 曲线使得超调更少而辅助存在的。

4. P 控制对系统性能的影响

(1) 开环增益越大,稳态误差减小(无法消除,属于有差调节)。
(2) 过渡时间缩短。
(3) 稳定程度变差。

5. I 控制对系统性能的影响

(1) 消除系统稳态误差(能够消除静态误差,属于无差调节)。
(2) 稳定程度变差。

6. D 控制对系统性能的影响

(1) 减小超调量。
(2) 减小调节时间(与 P 控制相比较而言)。
(3) 增强系统稳定性。
(4) 增加系统阻尼程度。

7. PD 控制对系统性能的影响

(1) 减小调节时间。
(2) 减小超调量。
(3) 增大系统阻尼,增强系统稳定性。
(4) 增加高频干扰。

8. PI 控制对系统性能的影响

(1) 提高系统型别,减少系统稳态误差。
(2) 增强系统抗高频干扰能力。
(3) 调节时间增大。

综上可以得出,P 控制、I 控制降低系统稳定性,D 控制增强系统稳定性。所以 PI 控制的 P 比 P 控制的 P 要小一些,PD 控制的 P 比 P 控制的 P 要大一些。

9. 位置式 PID 表达式(数字 PID)

$$P(n) = K_P \left\{ e(n) + \frac{T_s}{T_i} \sum_{i=0}^{n} e(i) + \frac{T_d}{T_s} [e(n) - e(n-1)] \right\} \quad (3\text{-}43)$$

$P(n)$ 为第 n 次输出,$e(n)$ 为第 n 次偏差值,T_s 为系统采样周期,T_i 为积分时间常数,T_d 为微分时间常数。

10. 消除随机干扰的措施

(1) 几个采样时刻的采样值求平均后代替本次的采样值。
(2) 微分项的四点中心差分 $(e(n) - e(n-3) + 3e(n-1) - 3e(n-2)) \times 1/6T_s$。
(3) 矩形积分改为梯形积分:

$$\sum_{i=0}^{n} e(i) \to \sum_{i=0}^{n} \frac{e(i) + e(i-1)}{2}$$

11. PID 调试一般原则

(1) 在输出不振荡时,增大比例增益 P。
(2) 在输出不振荡时(能消除静态误差就行),减小积分时间常数 T_i。
(3) 在输出不振荡时,增大微分时间常数 T_d。

3.4.3 四轴 PID 控制——单环

PID 算法是一种线性控制器,这种控制器被广泛应用在四轴上。控制四轴,就是控制它的角度，那么最简单，同时也是最容易想到的一种控制策略就是角度单环 PID 控制器，其系统框图如图 3-17 所示。

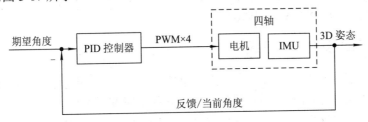

图 3-17　角度-单环 PID 控制器

下面以 ROLL 方向角度控制为例进行介绍。

(1) ROLL 轴向偏差：

$$偏差 = 目标期望角度 - 传感器实测角度$$

DIF_ANGLE.X = EXP_ANGLE.X – Q_ANGLE.Roll；

(2) 比例项的计算：

$$比例项输出 = 比例系数 P * 偏差$$

Proportion = PID_Motor.P * DIF_ANGLE.X；

(3) 微分项计算。由于陀螺仪测得的是 ROLL 轴向旋转角速率，角速率积分就是角度，那么角度微分即角速率，因而微分量刚好是陀螺仪测得的值。

$$微分输出 = 微分系数 D * 角速率$$

DifferentialCoefficient = PID_Motor.D*DMP_DATA.GYROx；

(4) 整合结果总输出：

$$ROLL 方向总控制量 = 比例项输出 + 微分量输出$$

ROLL 和 PITCH 轴按照以上公式计算 PID 输出，由于 YAW 轴比较特殊，而偏航角法线方向刚好和地球重力平行，因此这个方向的角度无法由加速度计直接测得，需要增加一个电子罗盘来替代加速度计。如果不使用罗盘，我们可以单纯地通过角速度积分来测得偏航角，但缺点是由于积分环节中存在积分漂移，偏航角随着时间的推移其偏差越来越大，就会出现航向角漂移的问题，如图 3-18 所示。如果不使用罗盘就没有比例项了，因此只能使用微分环节来控制。

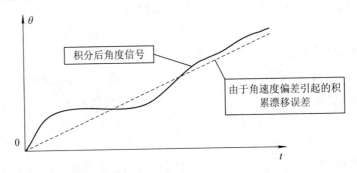

图 3-18　角速度积分漂移现象

(5) YAW 轴输出：

微分输出 = 微分系数 D * 角速率 YAW 方向控制量

PID_YAW.D * DMP_DATA.GYROz;

3.4.4 四轴 PID 控制——串级

角度单环 PID 控制算法仅仅考虑了飞行器的角度信息，如果想增加飞行器的稳定性(增加阻尼)并提高它的控制品质，可以进一步控制它的角速度，于是角度/角速度-串级 PID 控制算法应运而生。在这里，相信大家已经初步了解了角度-单环 PID 的原理，但是依旧无法理解串级 PID 究竟有什么不同。其实很简单：它就是两个 PID 控制算法，只不过把它们串起来了(更精确地说是套起来)。串级 PID 增强了系统的抗干扰性(也就是增强稳定性)，因为有两个控制器来控制飞行器，会比单个控制器控制的变量更多，这就使得飞行器的适应能力更强。串级 PID 的原理框图如图 3-19 所示。

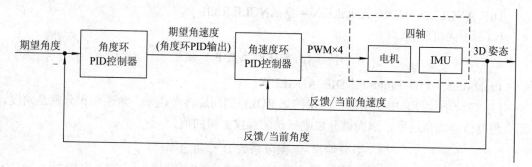

图 3-19 角度/角速度-串级 PID 控制原理图

为了实现编程，下面给出相应的程序流程：

(1) 当前角度误差：

当前角度误差 = 期望角度 − 当前角度

外环 PID_P 项 = 外环 K_P * 当前角度误差

(2) 当前角度误差积分及其积分限幅：

外环 PID_I 项 = 外环 K_i * 当前角度误差积分

外环 PID_输出 = 外环 PID_P 项 + 外环 PID_I 项

(3) 当前角度误差 = 外环 PID_输出 − 当前角速度(直接用陀螺仪输出)

内环 PID_P 项 = 内环 K_P * 当前角速度误差

(4) 当前角速度误差积分及其积分限幅：

内环 PID_I 项 = 内环 K_I * 当前角速度误差积分

(5) 当前角速度的微分(本次角速度误差 − 上次角速度误差)：

内环 PID_D 项 = 内环 K_D * 当前角速度微分

内环 PID_输出 = 内环 PID_P 项 + 内环 PID_I 项 + 内环 PID_D 项

整定串级 PID 的经验，可以参照来自 CSDN 网友 Nemo 之家博客的文章——《四轴 PID 讲解》中的经验。

原则是先整定内环 PID，再整定外环 PID。

(1) 内环 P：从小到大，拉动四轴越来越困难，越来越感觉到四轴在抵抗你的拉动；直到比较大的数值时，四轴自己会高频振动，肉眼可见，此时拉扯它，它会快速地振荡几下，过几秒钟后稳定；继续增大，不用人为干扰，自己发散翻机。特别注意：只有内环 P 的时候，四轴会缓慢地往一个方向下掉，这属于正常现象。这就是系统角速度静差。

(2) 内环 I：前述 PID 原理可以看出，积分只是用来消除静差，因此积分项系数个人觉得没必要弄得很大，因为这样做会降低系统稳定性。从小到大，四轴会定在一个位置不动，不再往下掉；继续增加 I 的值，四轴会不稳定，拉扯一下会自己发散。特别注意：增加 I 的值，四轴的定角度能力很强，拉动它比较困难，似乎像是在钉钉子一样，但是一旦有强干扰，它就会发散。这是由于积分项太大，拉动一下积分速度快，给的补偿非常大，因此很难拉动，给人一种很稳定的错觉。

(3) 内环 D：这里的微分项 D 为标准的 PID 原理下的微分项，即本次误差 – 上次误差。在角速度环中的微分就是角加速度，原本四轴的振动就比较强烈，引起陀螺的值变化较大，此时做微分就更容易引入噪声。因此一般在这里可以适当做一些滑动滤波或者 IIR 滤波。从小到大，飞机的性能没有多大改变，只是回中的时候更加平稳。继续增加 D 的值，可以肉眼看到四轴在平衡位置高频振动(或者听到电机发出嗞嗞的声音)。前述已经说明 D 项属于辅助性项，因此如果机架的振动较大，D 项可以忽略不加。

(4) 外环 P：当内环 PID 全部整定完成后，飞机已经可以稳定在某一位置而不动了。此时内环 P 从小到大，可以明显看到飞机从倾斜位置慢慢回中，用手拉扯它然后放手，它会慢速回中，达到平衡位置；继续增大 P 的值，用遥控器给定不同的角度，可以看到飞机跟踪的速度和响应越来越快；继续增加 P 的值，飞机变得十分敏感，机动性能越来越强，有发散的趋势。

思 考 题

1. 如何使四旋翼飞行器产生前进和后退的动作？
2. 如何使四旋翼飞行器产生左右移动的动作？
3. 什么是欧拉角？它与飞行器的姿态有什么关系？
4. 滤波算法在飞行器姿态控制中的作用是什么？
5. 什么是互补滤波算法和梯度下降算法？
6. 卡尔曼滤波算法的优点是什么？
7. 对于一个自动反馈控制系统来说，有哪些基本的指标？
8. 常见的 PID 控制算法有哪些？

第 4 章 四旋翼飞行器的硬件选择

在学习了一些 Arduino 和四旋翼飞行器的相关知识及基本原理之后，我们终于可以尝试着采购硬件组装一架属于自己的四旋翼飞行器了。目前，互联网上有很多与四旋翼飞行器相关的网站，这些网站提供了大量的教程可供我们参考借鉴。各教程的内容不尽相同，组装起来的四旋翼也各式各样。大家可以选择一种适合自己的方案实践一下。在此，我们也仅仅抛砖引玉，提供一个基础的制作方案供大家学习。在此基础之上读者完全可以根据自己的技术水平、资金预算、动手能力、使用目的等各方面因素综合考虑，合理计划，甚至可以充分发挥积极的想象力和勇于探索的精神为自己心目中理想的四旋翼飞行器增加各种新功能，开发出与众不同的版本。

4.1 四旋翼飞行器的类型

根据电机分布的位置，常见的四旋翼飞行器类型有十字形、X 形和 Y 形。

1. 十字形四旋翼

该模式的四个电机呈十字分布，对头方向是 M4 电机方向(M 代表电机，箭头代表电机旋转方向)，如图 4-1 所示。

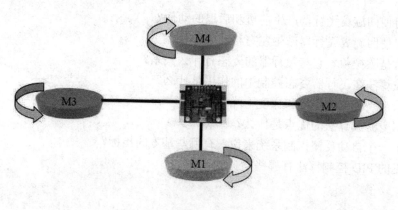

图 4-1　十字形

2. X 形四旋翼

该模式的四个电机呈 X 形分布，对头方向是 M4 和 M2 的中间点，如图 4-2 所示。

第 4 章 四旋翼飞行器的硬件选择

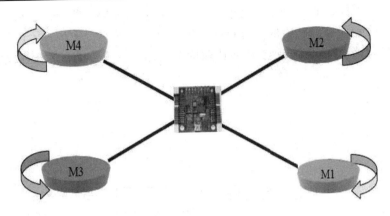

图 4-2 X 形

3．Y 形四旋翼

该模式的 M1 和 M3 电机正反安装在同一个中轴上，对头方向是 M4 和 M2 的中间点，如图 4-3 所示。

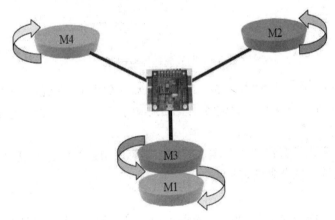

图 4-3 Y 形

除了上面的这些四旋翼类型，还有可变轴模式，通过加装伺服舵机来调节电机的轴线，使得四旋翼更具飞行灵活性，它可以做出更多的 3D 动作，但是其安装调试难度较大，这里就不介绍了，有兴趣的读者可以网上搜索一下。

4.2 主要部件的选择

了解了四旋翼飞行器的飞行原理和类型后，我们再来看看 DIY 一个四旋翼飞行器需要哪些部件，以及有哪些可以选择的方案。

4.2.1 遥控器

四旋翼飞行器的硬件系统主要包括机身和遥控器。机身主要部件有处理器、$X—Y$ 轴陀螺仪、Z轴陀螺仪、X—Y—Z轴加速度计、射频通信模块和四个电动机。在飞行过程中，控制板接收到遥控器发出的飞行指令，同时会读取陀螺仪和加速度计的测量结果，然后发出信号调整电动机的转速，从而让四旋翼飞行器按照操纵者的意愿飞行，如图4-4所示。

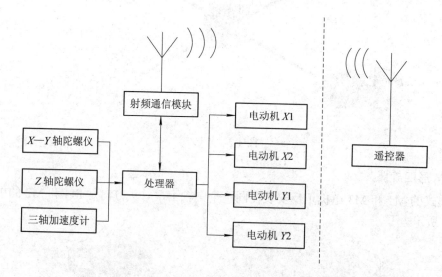

图4-4 四旋翼遥控原理图

根据基本原理，如果具备一定的电子技术基础且动手能力强的读者完全可以自己开发一款专用的遥控器，不过本书的读者主要面对初学者，因此建议大家购买现成的遥控器使用。

工欲善其事，必先利其器，一个顺手的遥控器可以用很多年，所以在选购遥控器的时候不要图便宜而挑选一些杂牌的遥控器。

在选购遥控器前先了解几个术语。

通道：通道就是遥控器可以控制飞行器的动作的路数，一个通道控制一个动作，比如油门的高低控制要使用一个通道，方向的控制又要使用一个通道。前面介绍过，四轴的基本动作有垂直(升降)运动、俯仰/前后运动、横滚/侧向运动、偏航运动，所以遥控器最低要求为四通道。实际上还需要预留一些额外通道来控制其他的部件，所以推荐选用六通道遥控器。例如：

FM/2.4G：FM调频遥控器采用的技术比较老，现在已经被2.4G无线遥控器取代。

日本手/美国手：这是根据遥控器摇杆的布局取的俗名。美国手：左手油门/方向、右手副翼/升降；日本手：右手油门/副翼，左手升降/方向。至于选哪个手法的遥控器，就看自己的喜好了。

遥控器品牌众多，如图4-5所示。其中，新手入门推荐用天地飞6A或天地飞7，两款都是2.4G的，网上搜索关键字"天7/天6"即可。Spektrum的遥控器可以在网上的旗舰店购买，地平线模型是Spektrum的代理。其他牌子的遥控器在网上购物平台直接搜索品牌即可。另外，日亚、美亚也有一些牌子的遥控器出售，大家可以参考选择。

第 4 章 四旋翼飞行器的硬件选择

图 4-5 遥控器

4.2.2 飞行控制器

飞行控制器是四轴飞行器的核心,用来控制四个电机协调工作,检测飞行器高度、姿态,自动调节飞行动作。

随着四旋翼飞行器的发展,在同样的机械工艺上,一个好的飞控基本代表了一个四旋翼飞行器实现的功能是否强大。也因此,有不少团队专注于进行"飞控"的研发。目前,包括 MultiWii、APM/ACM、MegaPirates 等基于 Arduino 的飞控系统都是飞行器爱好者喜欢的玩具。

以 MWC 飞控为例,MWC 是 MultiWii Copter 的缩写,它并不是指硬件产品,而是开源固件。此固件的原创作者是来自法国的 Alex,他为了打造自己的 Y3 飞行器而开发了最初的 MWC 固件。近年来经过许多高手的参与及共同努力,开发进度越来越快。现在 MWC 已经基本成熟,可以支持更广泛的硬件平台、外围设备及更多飞行模式,让运行 MWC 的飞控硬件成为国外开源飞控市场上占有率最高的产品。

MWC 飞控通常有以下两种版本:

(1) Atmega328P 版本。

(2) Atmega2560 版本。

这两个版本都基于开源的 Arduino 平台,所以 MWC 也是开源项目,你可以到其官网下载相应的源码进行研究学习。

MWC 官方的网址如下:

(1) Multiwii Home Page:

http://www.multiwii.com/

(2) Multiwii Wiki Page:

http://www.multiwii.com/wiki/index.php?title=Main_Page

(3) Multiwii Open Source Page:

https://code.google.com/p/multiwii/downloads/list

这里以 MEGA328P 版本为例进行介绍,因为基于 Arduino 平台,实际上就是一块 Arduino ProMini 版本加一块 GY86 传感器(包含 MPU6050、HMC5883L、MS5611),所以原理图比较简单。图 4-6 是飞控板原理图。

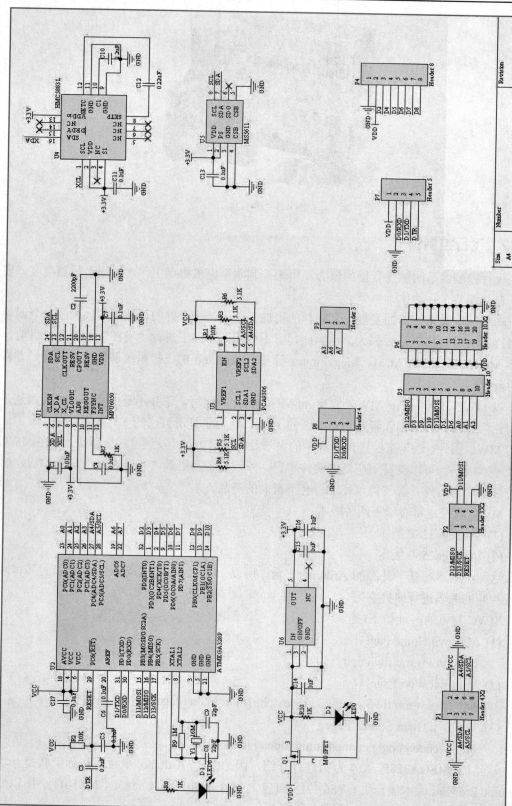

图 4-6 MWC 飞控原理图

对于 Arduino 平台而言，新加入部分如下：

(1) 电源部分加入了防反接保护，通过原理图的 Q1 场效应管来完成。

(2) 采用了专用芯片 PCA9306 实现电平转换，将传感器的输出 3.3 V 信号转换为 5 V。如果是自己 DIY，不使用 GPS 功能的话，那么去掉这个电路也可以正常工作。

(3) 气压计采用了 24 位 AD 分辨率的 MS5611 取代了传统的 BMP085。

(4) 预留 A3、A6、A7 引脚，方便未来扩展。

MWC 飞控板实物如图 4-7 所示。

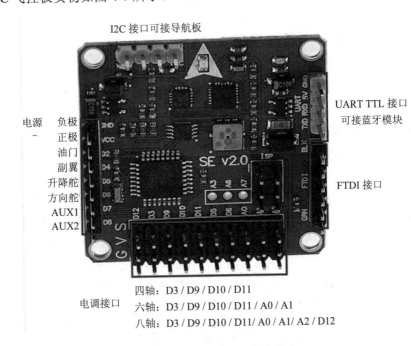

图 4-7　MWC 飞控板实物

4.2.3　机架

常见的四轴机架有十字形、X 形、H 形，材料可谓五花八门，有木材、PVC 管、铝合金、波纤、碳纤等。初学者建议使用铝合金十字机架，如图 4-8 所示，第一比较便宜，第二结实牢固，第三在飞行方面容易上手，等到技术成熟了再考虑更换成 H 型碳架，易于上航拍器材。

图 4-8　机架

机架的常见尺寸有 250 mm、330 mm、400 mm、550 mm、650 mm，这些数字代表对角电机位之间的距离，建议初学者选择 650 mm 的机架，虽然尺寸较大，但是飞行起来会很稳。

4.2.4 电机

电机的类型主要有无刷和有刷两种，大型四轴要用无刷电机，那些微型迷你四轴用的是有刷电机。常用电机品牌有新西达、朗宇、银燕、翱翔等，其中新西达算是保有量最大的牌子了，适合初学者。

那么什么样的电机适合四轴飞行器呢？

首先，先了解一个重要参数——KV 值。

无刷电机 KV 值定义为"转速/V"，意思为输入电压增加 1 V，无刷电机空转转速增加的转速值。例如 KV1000 的无刷电机，代表电压为 11 V 的时候，电机的空转转速为 11 000 转/分。

KV 值越大，速度越快，但是力量越小；KV 值越小，速度越慢，但是力量越大。

为了便于理解，我们可以想想汽车的挡位，汽车挂一挡时，力量最大，但是速度最慢，挂五挡时，力量最小，但速度最快。

当我们选购 KV1000 的电机时会看到 2212 电机、2018 电机等，它他们的 KV 值可能都一样，那么如何选择呢？这些数字代表了电机的尺寸。不管什么牌子的电机，具体都要对应这 4 位数字，其中前面两位是电机转子的直径，后面两位是电机转子的高度。简单来说，前面两位越大，电机体积越大，后面两位越大，电机越高。又高又大的电机，功率就更大，适合做大四轴。电机实物如图 4-9 所示。

图 4-9 电机

4.2.5 桨叶

电机定下来以后就要选择合适尺寸的桨叶，四轴常用桨叶的尺寸有 1145、1045、9047、

8045(四位数字的前两位代表直径，后两位代表螺距)。KV1000 的电机需要配合 1045 的桨叶，并且要用到正反桨，如图 4-10 所示。

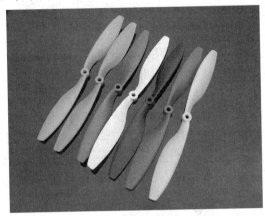

图 4-10　正反桨

为什么要用正反桨？

四轴飞行器安装的是 4 个桨片，如果都逆时针转动的话，4 个桨片都会产生一个逆时针旋转的自旋扭力，使得飞行器向右自旋。为了抵消这种自旋就要用 2 个正桨 2 个反桨，并且 2 个顺时针 2 个逆时针的桨片按照循环排列，一对桨片往左扭，一对桨片往右扭，这样就可以抵消掉桨片转动时产生的自旋扭力，使之均衡。

4.2.6　电调

电调即电子调速器，如图 4-11 所示。电调的作用就是将飞控板的控制信号转变为电流的大小，以控制电机的转速，同时电调还充当了变压器的作用，将 11.1 V 的电压变为 5 V 为飞控板和接收器供电。电调的品牌有好盈、银燕、新西达、中特威等。电调的做工的精确度对飞行有重要影响，所以我们尽量要选择好一点的电调，比如好盈和银燕。

图 4-11　电调

电调的参数主要是输出电流，主流的有 10 A、18 A、20 A、25 A、30 A、40 A 等。输出电流越大，电调的体积和重量就越大。一个电机配一个电调，总共需要 4 个电调。现在也有 4 合 1 的四轴电调，不过不建议选择这种，毕竟单独的电调还可以作为它用。

4.2.7　电池

电池属于易耗品，也是后期投入比较多的一个部件。电池品牌是所有部件中品牌最多的。因为电池的技术门槛低，所以品质良莠不齐，因此选择电池的时候一定要挑选口碑好的品牌，且一定要到正规商家处购买。

选购电池时我们需要注意几个参数，比如 11.1 V、2200 mA·h、30 C 的锂电池，第一个数值表示的是电池电压，第二个数值表示的是电池容量，第三个数值表示的是电池的放电倍率(俗称持续放电能力)，如图 4-12 所示。这里重点说下电池的持续放电能力，这是普通锂电池和动力锂电池最重要的区别。动力锂电池需要很大的电流放电，这个放电能力用 C 表示。例如一块 1000 mA·h 电池，放电能力为 5 C，那么用 5×1000 mA·h，得出电池可以以 5000 mA·h 的电流来放电。但是要注意，我们不能让一块电池把它的电量完全放完，如果这样的话，这块电池就废掉了。所以，当使用电池飞行时，电池电压降低到 10 V 时最好更换电池。如果四轴起飞重量为 2 kg，那么一块电池飞行时间大概为 10~15 min(悬停省电，做动作会耗电)。

图 4-12　锂电池

4.2.8　充电器

模型专用电池是不能用普通充电器的，必须用平衡充，如图 4-13 所示。由于 11.1V 的锂电是由 3 片 3.7 V 的锂电组成，内部是 3 片锂电池，因为制造工艺原因，无法保证每片电池的充电、放电特性都有差异，在电池串联的情况下，就容易造成某片电池放电过度或充电过度，所以解决办法是分别对内部单节电池充电，平衡充就是起这个作用的。和电池一样，平衡充的选择也有很多，便宜的几十块钱，贵的上千块，建议不要选择太便宜的平衡充，在能力范围内选择最贵的。

图 4-13　平衡充

思 考 题

1. 制作四旋翼飞行器需要选购的主要部件有哪些？
2. 四旋翼飞行器飞控的主要用途是什么？如何选择好的开源飞控？
3. 如何选择四旋翼机架？
4. 无刷电机 KV 值代表的是什么？
5. 为什么要用正反桨？
6. 电调的作用是什么？
7. 选购电池时需要注意哪些参数，各参数代表的意义是什么？
8. 充电器为什么必须选用平衡充？

第 5 章 基于 Arduino Uno 的四旋翼飞行器的制作

前面介绍了四旋翼飞行器的主要部件，大家对四旋翼也有了一个大概的认识，接下来就是动手组装四旋翼飞行器，本章将对四旋翼飞行器的大概组装过程做一简要介绍。

首先要说明的是，我们并没有采用前面介绍的现成的飞控板，而是采用基于 Arduino Uno 开发平台制作一个四旋翼飞行器飞行器。前面介绍的飞控有很多现成的东西可用，基本上只是调调参数就以轻松让你的四旋翼飞行器飞起来了，网上也有很多现成的资源供大家学习。基于本书的主题，下面将详细介绍基于 Arduino Uno 开发板的四旋翼飞行器的制作过程。

制作四旋翼飞行器的原理图如图 5-1 所示。

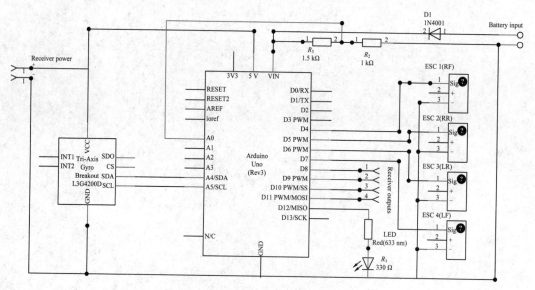

图 5-1 制作四旋翼飞行器的原理图

5.1 选用的核心硬件介绍

首先，介绍我们所选用的主要硬件设备。

1. Arduino Uno 开发板

Arduino Uno 开发板如图 5-2 所示。

图 5-2　Arduino Uno R3

2．L3G4200 陀螺仪

L3G4200 陀螺仪如图 5-3 所示。

图 5-3　L3G4200 芯片的陀螺仪

3．遥控器接收器

四通道以上的遥控器接收器如图 5-4 所示。

图 5-4　四通道以上的遥控器接收器

4．电调

30 A 电调如图 5-5 所示。

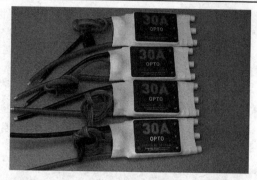

图 5-5　30 A 电调

5. 电机和螺旋桨

电机和螺旋桨如图 5-6 所示。

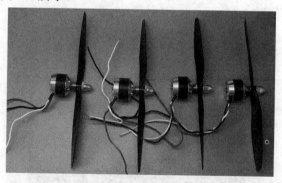

图 5-6　电机和螺旋桨

除此之外，还有机架、电池以及一些小的附件，比如电阻、LED 灯等，在制作过程的讲解中会提及。

5.2　硬件主要的组装步骤

第一步，给陀螺仪模块焊接连线，如图 5-7 所示。这里用到的是 UIN、GND、SCL、SDA 四个针脚。

图 5-7　给陀螺仪焊接连线

第二步，用双面胶把陀螺仪固定到机架上，如图 5-8 所示。

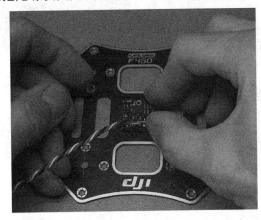

图 5-8　固定陀螺仪

需要注意的是，如果买的是其他品牌型号的陀螺仪模块，要把模块上的原点放在四旋翼飞行方向的后方朝左的位置，如图 5-9 所示。

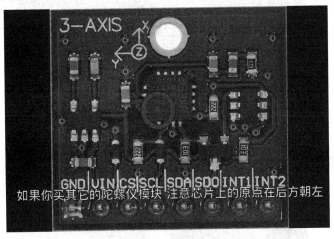

图 5-9　陀螺仪模块的固定方向

第三步，固定 Arduino。这一步进行前，可以在机架和 Arduino 上提前安装好相应的立柱(见图 5-10)和打好安装孔的固定板(见图 5-11)，以便 Arduino 能够牢固地固定在机架上，如图 5-12 所示。

图 5-10　机架上固定 Arduino 的柱子

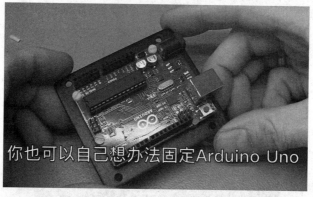

图 5-11 Arduino 的固定板

图 5-12 Arduino 固定到机架上

第四步，按照原理图，焊接各种连线，焊接时可以用热缩套管来防止电线互相接触，如图 5-13 所示。

图 5-13 按照原理图焊接连接线

由于在飞行过程中，电池的能量不断释放，电机的功率也会随之下降。也就是说，在飞行过程中，给予同样的信号，得到的结果却是不同的。为了解决这个问题，飞控前需要知道电池的电压，然后连接电阻，形成一个简单的分压电路。选用电阻的原则是，电池充满时,中点的电压要小于 5 V,但是要接近 5 V。把两个电阻的两头接到 Arduino 的 UIN 引脚和 GND 引脚。把两个电阻的中间部分接到 Arduino 的模拟输入 0 引脚(Analog input 0)。开发过程中用电脑的 USB 接口给 Arduino 供电。

为了避免 USB 上的电流流入 ESC(电调)和电机,还需要给电路焊接上如图 5-14 所示的一个二极管。

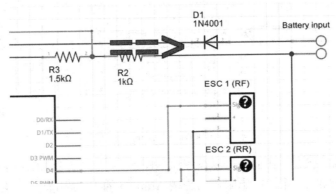

图 5-14 电路中需要的二极管

ESC 的信号线按照图 5-15 的顺序连接到 Arduino 的对应针脚,效果如图 5-16 所示。

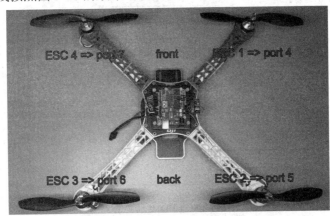

图 5-15 ESC 与 Arduino 针脚的对应关系

图 5-16 ESC 与 Arduino 针脚的对应关系

接收机上的四个通道的信号线，按照原理图 5-17 上的编号，对应接入 Arduino 的相应引脚。

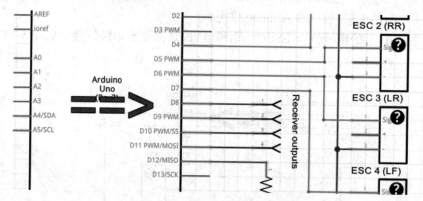

图 5-17　接收机信号线的连接方式

为了知道飞机的状态，我们还可以按照原理图 5-18 加上一个 LED 信号灯，如图 5-19 所示，并同时给它加上一个限流电阻，一头接 Arduino 的 12 号引脚，一头接地。

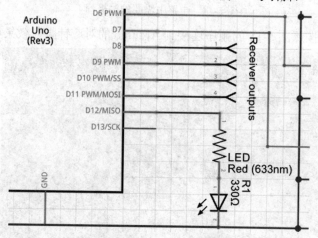

图 5-18　LED 接线原理

至此，硬件的主要连接步骤就介绍完了，至于这些硬件的参数和在软件中的设置方法，请参考 Arduino 开发板以及陀螺仪、遥控器和电调等设备的相关手册。用到的原理就是本书第 3 章所讲述的内容，在此不再一一赘述。

图 5-19　用来观察四旋翼状态的 LED

5.3 软件源代码

下面附上相关的源代码程序。

5.3.1 Arduino 四旋翼飞行器初始化源代码

```
///////////////////////////////////////////////////////////////
// Terms of use
///////////////////////////////////////////////////////////////
// THE SOFTWARE IS PROVIDED "AS IS", WITHOUT WARRANTY OF ANY KIND, EXPRESS
// OR IMPLIED, INCLUDING BUT NOT LIMITED TO THE WARRANTIES OF
// MERCHANTABILITY, FITNESS FOR A PARTICULAR PURPOSE AND
// NONINFRINGEMENT. IN NO EVENT SHALL THE AUTHORS OR COPYRIGHT HOLDERS
// BE LIABLE FOR ANY CLAIM, DAMAGES OR OTHER LIABILITY, WHETHER IN AN
// ACTION OF CONTRACT, TORT OR OTHERWISE, ARISING FROM, OUT OF OR IN
// CONNECTION WITH THE SOFTWARE OR THE USE OR OTHER DEALINGS IN THE
// SOFTWARE.
///////////////////////////////////////////////////////////////
// Safety note
///////////////////////////////////////////////////////////////
// Always remove the propellers and stay away from the motors unless you
// are 100% certain of what you are doing.
///////////////////////////////////////////////////////////////

#include <Wire.h>          // Include the Wire.h library so we can communicate with the gyro
#include <EEPROM.h>        // Include the EEPROM.h library so we can store information onto the EEPROM

//Declaring Global Variables
byte last_channel_1, last_channel_2, last_channel_3, last_channel_4;
byte lowByte, highByte, type, gyro_address, error, clockspeed_ok;
byte channel_1_assign, channel_2_assign, channel_3_assign, channel_4_assign;
byte roll_axis, pitch_axis, yaw_axis;
byte receiver_check_byte, gyro_check_byte;
int receiver_input_channel_1, receiver_input_channel_2, receiver_input_channel_3, receiver_input_channel_4;
int center_channel_1, center_channel_2, center_channel_3, center_channel_4;
int high_channel_1, high_channel_2, high_channel_3, high_channel_4;
int low_channel_1, low_channel_2, low_channel_3, low_channel_4;
```

```
int address, cal_int;
unsigned long timer, timer_1, timer_2, timer_3, timer_4, current_time;
float gyro_pitch, gyro_roll, gyro_yaw;
float gyro_roll_cal, gyro_pitch_cal, gyro_yaw_cal;

// Setup routine
void setup( ){
  pinMode(12, OUTPUT);
  // Arduino (Atmega) pins default to inputs, so they don't need to be explicitly declared as inputs
  PCICR |= (1 << PCIE0);           // set PCIE0 to enable PCMSK0 scan
  PCMSK0 |= (1 << PCINT0);         // set PCINT0 (digital input 8) to trigger an interrupt on state change
  PCMSK0 |= (1 << PCINT1);         // set PCINT1 (digital input 9)to trigger an interrupt on state change
  PCMSK0 |= (1 << PCINT2);         // set PCINT2 (digital input 10)to trigger an interrupt on state change
  PCMSK0 |= (1 << PCINT3);         // set PCINT3 (digital input 11)to trigger an interrupt on state change
  Wire.begin( );                   // Start the I2C as master
  Serial.begin(57600);             // Start the serial connetion @ 57600bps
  delay(250);                      // Give the gyro time to start
}
//Main program
void loop( ){
  //Show the YMFC-3D V2 intro
  intro( );

  Serial.println(F(""));
  Serial.println(F("===================================================="));
  Serial.println(F("System check"));
  Serial.println(F("===================================================="));
  delay(1000);
  Serial.println(F("Checking I2C clock speed."));
  delay(1000);

  #if F_CPU == 16000000L // If the clock speed is 16 MHz include the next code line when compiling
    clockspeed_ok = 1;             // Set clockspeed_ok to 1
  #endif                           // End of if statement

  if(TWBR == 12 && clockspeed_ok){
    Serial.println(F("I2C clock speed is correctly set to 400kHz."));
  }
  else{
```

```
      Serial.println(F("I2C clock speed is not set to 400kHz. (ERROR 8)"));
      error = 1;
    }

    if(error == 0){
      Serial.println(F(""));
      Serial.println(F("=================================================="));
      Serial.println(F("Transmitter setup"));
      Serial.println(F("=================================================="));
      delay(1000);
      Serial.print(F("Checking for valid receiver signals."));
      //Wait 10 seconds until all receiver inputs are valid
      wait_for_receiver( );
      Serial.println(F(""));
    }
    //Quit the program in case of an error
    if(error == 0){
      delay(2000);
      Serial.println(F("Place all sticks and subtrims in the center position within 10 seconds."));
      for(int i = 9;i > 0;i--){
        delay(1000);
        Serial.print(i);
        Serial.print(" ");
      }
      Serial.println(" ");
      //Store the central stick positions
      center_channel_1 = receiver_input_channel_1;
      center_channel_2 = receiver_input_channel_2;
      center_channel_3 = receiver_input_channel_3;
      center_channel_4 = receiver_input_channel_4;
      Serial.println(F(""));
      Serial.println(F("Center positions stored."));
      Serial.print(F("Digital input 08 = "));
      Serial.println(receiver_input_channel_1);
      Serial.print(F("Digital input 09 = "));
      Serial.println(receiver_input_channel_2);
      Serial.print(F("Digital input 10 = "));
      Serial.println(receiver_input_channel_3);
      Serial.print(F("Digital input 11 = "));
```

```
      Serial.println(receiver_input_channel_4);
      Serial.println(F(""));
      Serial.println(F(""));
   }
   if(error == 0){
      Serial.println(F("Move the throttle stick to full throttle and back to center"));
      //Check for throttle movement
      check_receiver_inputs(1);
      Serial.print(F("Throttle is connected to digital input "));
      Serial.println((channel_3_assign & 0b00000111) + 7);
      if(channel_3_assign & 0b10000000)Serial.println(F("Channel inverted = yes"));
      else Serial.println(F("Channel inverted = no"));
      wait_sticks_zero( );

      Serial.println(F(""));
      Serial.println(F(""));
      Serial.println(F("Move the roll stick to simulate left wing up and back to center"));
      //Check for throttle movement
      check_receiver_inputs(2);
      Serial.print(F("Roll is connected to digital input "));
      Serial.println((channel_1_assign & 0b00000111) + 7);
      if(channel_1_assign & 0b10000000)Serial.println(F("Channel inverted = yes"));
      else Serial.println(F("Channel inverted = no"));
      wait_sticks_zero( );
   }
   if(error == 0){
      Serial.println(F(""));
      Serial.println(F(""));
      Serial.println(F("Move the pitch stick to simulate nose up and back to center"));
      //Check for throttle movement
      check_receiver_inputs(3);
      Serial.print(F("Pitch is connected to digital input "));
      Serial.println((channel_2_assign & 0b00000111) + 7);
      if(channel_2_assign & 0b10000000)Serial.println(F("Channel inverted = yes"));
      else Serial.println(F("Channel inverted = no"));
      wait_sticks_zero( );
   }
   if(error == 0){
      Serial.println(F(""));
```

第 5 章 基于 Arduino Uno 的四旋翼飞行器的制作 · 141 ·

```
      Serial.println(F(""));
      Serial.println(F("Move the yaw stick to simulate nose right and back to center"));
      //Check for throttle movement
      check_receiver_inputs(4);
      Serial.print(F("Yaw is connected to digital input "));
      Serial.println((channel_4_assign & 0b00000111) + 7);
      if(channel_4_assign & 0b10000000)Serial.println(F("Channel inverted = yes"));
      else Serial.println(F("Channel inverted = no"));
      wait_sticks_zero( );
    }
    if(error == 0){
      Serial.println(F(""));
      Serial.println(F(""));
      Serial.println(F("Gently move all the sticks simultaneously to their extends"));
      Serial.println(F("When ready put the sticks back in their center positions"));
      //Register the min and max values of the receiver channels
      register_min_max( );
      Serial.println(F(""));
      Serial.println(F(""));
      Serial.println(F("High, low and center values found during setup"));
      Serial.print(F("Digital input 08 values:"));
      Serial.print(low_channel_1);
      Serial.print(F(" - "));
      Serial.print(center_channel_1);
      Serial.print(F(" - "));
      Serial.println(high_channel_1);
      Serial.print(F("Digital input 09 values:"));
      Serial.print(low_channel_2);
      Serial.print(F(" - "));
      Serial.print(center_channel_2);
      Serial.print(F(" - "));
      Serial.println(high_channel_2);
      Serial.print(F("Digital input 10 values:"));
      Serial.print(low_channel_3);
      Serial.print(F(" - "));
      Serial.print(center_channel_3);
      Serial.print(F(" - "));
      Serial.println(high_channel_3);
      Serial.print(F("Digital input 11 values:"));
```

```
      Serial.print(low_channel_4);
      Serial.print(F(" - "));
      Serial.print(center_channel_4);
      Serial.print(F(" - "));
      Serial.println(high_channel_4);
      Serial.println(F("Move stick 'nose up' and back to center to continue"));
      check_to_continue( );
    }

    if(error == 0){
      //What gyro is connected
      Serial.println(F(""));
      Serial.println(F("===================================================="));
      Serial.println(F("Gyro search"));
      Serial.println(F("===================================================="));
      delay(2000);

      Serial.println(F("Searching for MPU-6050 on address 0x68/104"));
      delay(1000);
      if(search_gyro(0x68, 0x75) == 0x68){
        Serial.println(F("MPU-6050 found on address 0x68"));
        type = 1;
        gyro_address = 0x68;
      }

      if(type == 0){
        Serial.println(F("Searching for MPU-6050 on address 0x69/105"));
        delay(1000);
        if(search_gyro(0x69, 0x75) == 0x68){
          Serial.println(F("MPU-6050 found on address 0x69"));
          type = 1;
          gyro_address = 0x69;
        }
      }

      if(type == 0){
        Serial.println(F("Searching for L3G4200D on address 0x68/104"));
        delay(1000);
        if(search_gyro(0x68, 0x0F) == 0xD3){
```

```
      Serial.println(F("L3G4200D found on address 0x68"));
      type = 2;
      gyro_address = 0x68;
    }
  }

  if(type == 0){
    Serial.println(F("Searching for L3G4200D on address 0x69/105"));
    delay(1000);
    if(search_gyro(0x69, 0x0F) == 0xD3){
      Serial.println(F("L3G4200D found on address 0x69"));
      type = 2;
      gyro_address = 0x69;
    }
  }

  if(type == 0){
    Serial.println(F("Searching for L3GD20H on address 0x6A/106"));
    delay(1000);
    if(search_gyro(0x6A, 0x0F) == 0xD7){
      Serial.println(F("L3GD20H found on address 0x6A"));
      type = 3;
      gyro_address = 0x6A;
    }
  }

  if(type == 0){
    Serial.println(F("Searching for L3GD20H on address 0x6B/107"));
    delay(1000);
    if(search_gyro(0x6B, 0x0F) == 0xD7){
      Serial.println(F("L3GD20H found on address 0x6B"));
      type = 3;
      gyro_address = 0x6B;
    }
  }

  if(type == 0){
    Serial.println(F("No gyro device found!!! (ERROR 3)"));
    error = 1;
```

```
  }

  else{
    delay(3000);
    Serial.println(F(""));
    Serial.println(F("===================================================================="));
    Serial.println(F("Gyro register settings"));
    Serial.println(F("===================================================================="));
    start_gyro( );  //Setup the gyro for further use
  }
}

//If the gyro is found we can setup the correct gyro axes.
if(error == 0){
  delay(3000);
  Serial.println(F(""));
  Serial.println(F("===================================================================="));
  Serial.println(F("Gyro calibration"));
  Serial.println(F("===================================================================="));
  Serial.println(F("Don't move the quadcopter!! Calibration starts in 3 seconds"));
  delay(3000);
  Serial.println(F("Calibrating the gyro, this will take +/- 8 seconds"));
  Serial.print(F("Please wait"));
  // Let's take multiple gyro data samples so we can determine the average gyro offset (calibration).
  for (cal_int = 0; cal_int < 2000 ; cal_int ++){              // Take 2000 readings for calibration.
    if(cal_int % 100 == 0)Serial.print(F("."));                // Print dot to indicate calibration.
    gyro_signalen( );                                          // Read the gyro output.
    gyro_roll_cal += gyro_roll;                                // Ad roll value to gyro_roll_cal.
    gyro_pitch_cal += gyro_pitch;                              // Ad pitch value to gyro_pitch_cal.
    gyro_yaw_cal += gyro_yaw;                                  // Ad yaw value to gyro_yaw_cal.
    delay(4);                                                  // Wait 3 milliseconds before the next loop.
  }
  // Now that we have 2000 measures, we need to devide by 2000 to get the average gyro offset.
  gyro_roll_cal /= 2000;                                       // Divide the roll total by 2000.
  gyro_pitch_cal /= 2000;                                      // Divide the pitch total by 2000.
  gyro_yaw_cal /= 2000;                                        // Divide the yaw total by 2000.
```

// Show the calibration results
Serial.println(F(""));
Serial.print(F("Axis 1 offset="));
Serial.println(gyro_roll_cal);
Serial.print(F("Axis 2 offset="));
Serial.println(gyro_pitch_cal);
Serial.print(F("Axis 3 offset="));
Serial.println(gyro_yaw_cal);
Serial.println(F(""));

Serial.println(F("=="));
Serial.println(F("Gyro axes configuration"));

Serial.println(F("=="));
// Detect the left wing up movement
Serial.println(F("Lift the left side of the quadcopter to a 45 degree angle within 10 seconds"));
// Check axis movement
check_gyro_axes(1);
if(error == 0){
   Serial.println(F("OK!"));
   Serial.print(F("Angle detection = "));
   Serial.println(roll_axis & 0b00000011);
   if(roll_axis & 0b10000000)Serial.println(F("Axis inverted = yes"));
   else Serial.println(F("Axis inverted = no"));
   Serial.println(F("Put the quadcopter back in its original position"));
   Serial.println(F("Move stick 'nose up' and back to center to continue"));
   check_to_continue( );

   //Detect the nose up movement
   Serial.println(F(""));
   Serial.println(F(""));
   Serial.println(F("Lift the nose of the quadcopter to a 45 degree angle within 10 seconds"));
   //Check axis movement
   check_gyro_axes(2);
}
if(error == 0){
   Serial.println(F("OK!"));
   Serial.print(F("Angle detection = "));
   Serial.println(pitch_axis & 0b00000011);

```
        if(pitch_axis & 0b10000000)Serial.println(F("Axis inverted = yes"));
        else Serial.println(F("Axis inverted = no"));
        Serial.println(F("Put the quadcopter back in its original position"));
        Serial.println(F("Move stick 'nose up' and back to center to continue"));
        check_to_continue( );

        //Detect the nose right movement
        Serial.println(F(""));
        Serial.println(F(""));
        Serial.println(F("Rotate the nose of the quadcopter 45 degree to the right within 10 seconds"));
        //Check axis movement
        check_gyro_axes(3);
      }
      if(error == 0){
        Serial.println(F("OK!"));
        Serial.print(F("Angle detection = "));
        Serial.println(yaw_axis & 0b00000011);
        if(yaw_axis & 0b10000000)Serial.println(F("Axis inverted = yes"));
        else Serial.println(F("Axis inverted = no"));
        Serial.println(F("Put the quadcopter back in its original position"));
        Serial.println(F("Move stick 'nose up' and back to center to continue"));
        check_to_continue( );
      }
    }
    if(error == 0){
      Serial.println(F(""));

      Serial.println(F("===================================================="));
      Serial.println(F("LED test"));

      Serial.println(F("===================================================="));
      digitalWrite(12, HIGH);
      Serial.println(F("The LED should now be lit"));
      Serial.println(F("Move stick 'nose up' and back to center to continue"));
      check_to_continue( );
      digitalWrite(12, LOW);
    }

    Serial.println(F(""));
```

第 5 章　基于 Arduino Uno 的四旋翼飞行器的制作

```
if(error == 0){
    Serial.println(F("===================================================="));
    Serial.println(F("Final setup check"));
    Serial.println(F("===================================================="));
    delay(1000);
    if(receiver_check_byte == 0b00001111)
    {
        Serial.println(F("Receiver channels ok"));
    }
    else{
        Serial.println(F("Receiver channel verification failed!!! (ERROR 6)"));
        error = 1;
    }
    delay(1000);
    if(gyro_check_byte == 0b00000111){
        Serial.println(F("Gyro axes ok"));
    }
    else{
        Serial.println(F("Gyro exes verification failed!!! (ERROR 7)"));
        error = 1;
    }
}

if(error == 0){
    //If all is good, store the information in the EEPROM
    Serial.println(F(""));
    Serial.println(F("===================================================="));
    Serial.println(F("Storing EEPROM information"));
    Serial.println(F("===================================================="));
    Serial.println(F("Writing EEPROM"));
    delay(1000);
    Serial.println(F("Done!"));
    EEPROM.write(0, center_channel_1 & 0b11111111);
    EEPROM.write(1, center_channel_1 >> 8);
    EEPROM.write(2, center_channel_2 & 0b11111111);
    EEPROM.write(3, center_channel_2 >> 8);
    EEPROM.write(4, center_channel_3 & 0b11111111);
```

```
EEPROM.write(5, center_channel_3 >> 8);
EEPROM.write(6, center_channel_4 & 0b11111111);
EEPROM.write(7, center_channel_4 >> 8);
EEPROM.write(8, high_channel_1 & 0b11111111);
EEPROM.write(9, high_channel_1 >> 8);
EEPROM.write(10, high_channel_2 & 0b11111111);
EEPROM.write(11, high_channel_2 >> 8);
EEPROM.write(12, high_channel_3 & 0b11111111);
EEPROM.write(13, high_channel_3 >> 8);
EEPROM.write(14, high_channel_4 & 0b11111111);
EEPROM.write(15, high_channel_4 >> 8);
EEPROM.write(16, low_channel_1 & 0b11111111);
EEPROM.write(17, low_channel_1 >> 8);
EEPROM.write(18, low_channel_2 & 0b11111111);
EEPROM.write(19, low_channel_2 >> 8);
EEPROM.write(20, low_channel_3 & 0b11111111);
EEPROM.write(21, low_channel_3 >> 8);
EEPROM.write(22, low_channel_4 & 0b11111111);
EEPROM.write(23, low_channel_4 >> 8);
EEPROM.write(24, channel_1_assign);
EEPROM.write(25, channel_2_assign);
EEPROM.write(26, channel_3_assign);
EEPROM.write(27, channel_4_assign);
EEPROM.write(28, roll_axis);
EEPROM.write(29, pitch_axis);
EEPROM.write(30, yaw_axis);
EEPROM.write(31, type);
EEPROM.write(32, gyro_address);
//Write the EEPROM signature
EEPROM.write(33, 'J');
EEPROM.write(34, 'M');
EEPROM.write(35, 'B');

//To make sure evrything is ok, verify the EEPROM data.
Serial.println(F("Verify EEPROM data"));
delay(1000);
if(center_channel_1 != ((EEPROM.read(1) << 8) | EEPROM.read(0)))error = 1;
if(center_channel_2 != ((EEPROM.read(3) << 8) | EEPROM.read(2)))error = 1;
if(center_channel_3 != ((EEPROM.read(5) << 8) | EEPROM.read(4)))error = 1;
```

```
    if(center_channel_4 != ((EEPROM.read(7) << 8) | EEPROM.read(6)))error = 1;

    if(high_channel_1 != ((EEPROM.read(9) << 8) | EEPROM.read(8)))error = 1;
    if(high_channel_2 != ((EEPROM.read(11) << 8) | EEPROM.read(10)))error = 1;
    if(high_channel_3 != ((EEPROM.read(13) << 8) | EEPROM.read(12)))error = 1;
    if(high_channel_4 != ((EEPROM.read(15) << 8) | EEPROM.read(14)))error = 1;

    if(low_channel_1 != ((EEPROM.read(17) << 8) | EEPROM.read(16)))error = 1;
    if(low_channel_2 != ((EEPROM.read(19) << 8) | EEPROM.read(18)))error = 1;
    if(low_channel_3 != ((EEPROM.read(21) << 8) | EEPROM.read(20)))error = 1;
    if(low_channel_4 != ((EEPROM.read(23) << 8) | EEPROM.read(22)))error = 1;

    if(channel_1_assign != EEPROM.read(24))error = 1;
    if(channel_2_assign != EEPROM.read(25))error = 1;
    if(channel_3_assign != EEPROM.read(26))error = 1;
    if(channel_4_assign != EEPROM.read(27))error = 1;

    if(roll_axis != EEPROM.read(28))error = 1;
    if(pitch_axis != EEPROM.read(29))error = 1;
    if(yaw_axis != EEPROM.read(30))error = 1;
    if(type != EEPROM.read(31))error = 1;
    if(gyro_address != EEPROM.read(32))error = 1;

    if('J' != EEPROM.read(33))error = 1;
    if('M' != EEPROM.read(34))error = 1;
    if('B' != EEPROM.read(35))error = 1;

    if(error == 1)Serial.println(F("EEPROM verification failed!!! (ERROR 5)"));
    else Serial.println(F("Verification done"));
  }

  if(error == 0){
    Serial.println(F("Setup is finished."));
    Serial.println(F("You can now calibrate the esc's and upload the YMFC-3D V2 code."));
  }
  else{
    Serial.println(F("The setup is aborted due to an error."));
    Serial.println(F("Check the Q and A page of the YMFC-3D V2 project on:"));
    Serial.println(F("www.brokking.net for more information about this error."));
```

```
    }
    while(1);
}

//Search for the gyro and check the Who_am_I register
byte search_gyro(int gyro_address, int who_am_i){
    Wire.beginTransmission(gyro_address);
    Wire.write(who_am_i);
    Wire.endTransmission( );
    Wire.requestFrom(gyro_address, 1);
    timer = millis( ) + 100;
    while(Wire.available( ) < 1 && timer > millis( ));
    lowByte = Wire.read( );
    address = gyro_address;
    return lowByte;
}

void start_gyro( ){
    //Setup the L3G4200D or L3GD20H
    if(type == 2 || type == 3){
        Wire.beginTransmission(address);            // Start communication with the gyro with the address
                                                    // found during search
        Wire.write(0x20);                           // We want to write to register 1 (20 hex)
        Wire.write(0x0F);       // Set the register bits as 00001111 (Turn on the gyro and enable all axis)
        Wire.endTransmission( );                    // End the transmission with the gyro

        Wire.beginTransmission(address);    // Start communication with the gyro (address 1101001)
        Wire.write(0x20);                   // Start reading @ register 28h and auto increment with every read
        Wire.endTransmission( );    // End the transmission
        Wire.requestFrom(address, 1);       // Request 6 bytes from the gyro
        while(Wire.available( ) < 1);       // Wait until the 1 byte is received
        Serial.print(F("Register 0x20 is set to:"));
        Serial.println(Wire.read( ),BIN);

        Wire.beginTransmission(address);            // Start communication with the gyro    with the address
                                                    // found during search
        Wire.write(0x23);                           // We want to write to register 4 (23 hex)
        Wire.write(0x90);                           // Set the register bits as 10010000 (Block Data Update
                                                    // active & 500dps full scale)
```

```
    Wire.endTransmission( );                     // End the transmission with the gyro
    Wire.beginTransmission(address);   // Start communication with the gyro (address 1101001)
    Wire.write(0x23);                  // Start reading @ register 28h and auto increment with every read
    Wire.endTransmission( );                     // End the transmission
    Wire.requestFrom(address, 1);                // Request 6 bytes from the gyro
    while(Wire.available( ) < 1);                // Wait until the 1 byte is received
    Serial.print(F("Register 0x23 is set to:"));
    Serial.println(Wire.read( ),BIN);
}
// Setup the MPU-6050
if(type == 1){
    Wire.beginTransmission(address);             // Start communication with the gyro
    Wire.write(0x6B);                            // PWR_MGMT_1 register
    Wire.write(0x00);                            // Set to zero to turn on the gyro
    Wire.endTransmission( );                     // End the transmission

    Wire.beginTransmission(address);             // Start communication with the gyro
    Wire.write(0x6B);                  // Start reading @ register 28h and auto increment with every read
    Wire.endTransmission( );                     // End the transmission
    Wire.requestFrom(address, 1);                // Request 1 bytes from the gyro
    while(Wire.available( ) < 1);                // Wait until the 1 byte is received
    Serial.print(F("Register 0x6B is set to:"));
    Serial.println(Wire.read( ),BIN);

    Wire.beginTransmission(address);             // Start communication with the gyro
    Wire.write(0x1B);                            // GYRO_CONFIG register
    Wire.write(0x08);                            // Set the register bits as 00001000 (500dps full scale)
    Wire.endTransmission( );                     // End the transmission

    Wire.beginTransmission(address);   // Start communication with the gyro (address 1101001)
    Wire.write(0x1B);                  // Start reading @ register 28h and auto increment with every read
    Wire.endTransmission( );                     // End the transmission
    Wire.requestFrom(address, 1);                // Request 1 bytes from the gyro
    while(Wire.available( ) < 1);                // Wait until the 1 byte is received
    Serial.print(F("Register 0x1B is set to:"));
    Serial.println(Wire.read( ),BIN);
}
}
```

```
void gyro_signalen( ){
    if(type == 2 || type == 3){
        Wire.beginTransmission(address);        // Start communication with the gyro
        Wire.write(168);            // Start reading @ register 28h and auto increment with every read
        Wire.endTransmission( );                // End the transmission
        Wire.requestFrom(address, 6);           // Request 6 bytes from the gyro
        while(Wire.available( ) < 6);           // Wait until the 6 bytes are received
        lowByte = Wire.read( );                 // First received byte is the low part of the angular data
        highByte = Wire.read( );                // Second received byte is the high part of the angular data
        gyro_roll = ((highByte<<8)|lowByte);    // Multiply highByte by 256 (shift left by 8) and
                                                // ad lowByte
        if(cal_int == 2000)gyro_roll -= gyro_roll_cal;      // Only compensate after the calibration
        lowByte = Wire.read( );                 // First received byte is the low part of the angular data
        highByte = Wire.read( );                // Second received byte is the high part of the angular data
        gyro_pitch = ((highByte<<8)|lowByte);   // Multiply highByte by 256 (shift left by 8) and
                                                // ad lowByte
        if(cal_int == 2000)gyro_pitch -= gyro_pitch_cal;    // Only compensate after the calibration
        lowByte = Wire.read( );                 // First received byte is the low part of the angular data
        highByte = Wire.read( );                // Second received byte is the high part of the angular data
        gyro_yaw = ((highByte<<8)|lowByte);     // Multiply highByte by 256 (shift left by 8) and
                                                // ad lowByte
        if(cal_int == 2000)gyro_yaw -= gyro_yaw_cal;        // Only compensate after the calibration
    }
    if(type == 1){
        Wire.beginTransmission(address);        // Start communication with the gyro
        Wire.write(0x43);           // Start reading @ register 43h and auto increment with every read
        Wire.endTransmission( );                // End the transmission
        Wire.requestFrom(address,6);            // Request 6 bytes from the gyro
        while(Wire.available( ) < 6);           // Wait until the 6 bytes are received
        gyro_roll=Wire.read( )<<8|Wire.read( );   // Read high and low part of the angular data
        if(cal_int == 2000)gyro_roll -= gyro_roll_cal;      // Only compensate after the calibration
        gyro_pitch=Wire.read( )<<8|Wire.read( );  // Read high and low part of the angular data
        if(cal_int == 2000)gyro_pitch -= gyro_pitch_cal;    // Only compensate after the calibration
        gyro_yaw=Wire.read( )<<8|Wire.read( );    // Read high and low part of the angular data
        if(cal_int == 2000)gyro_yaw -= gyro_yaw_cal;        // Only compensate after the calibration
    }
}

// Check if a receiver input value is changing within 30 seconds
```

```
void check_receiver_inputs(byte movement){
  byte trigger = 0;
  int pulse_length;
  timer = millis( ) + 30000;
  while(timer > millis( ) && trigger == 0){
    delay(250);
    if(receiver_input_channel_1 > 1750 || receiver_input_channel_1 < 1250){
      trigger = 1;
      receiver_check_byte |= 0b00000001;
      pulse_length = receiver_input_channel_1;
    }
    if(receiver_input_channel_2 > 1750 || receiver_input_channel_2 < 1250){
      trigger = 2;
      receiver_check_byte |= 0b00000010;
      pulse_length = receiver_input_channel_2;
    }
    if(receiver_input_channel_3 > 1750 || receiver_input_channel_3 < 1250){
      trigger = 3;
      receiver_check_byte |= 0b00000100;
      pulse_length = receiver_input_channel_3;
    }
    if(receiver_input_channel_4 > 1750 || receiver_input_channel_4 < 1250){
      trigger = 4;
      receiver_check_byte |= 0b00001000;
      pulse_length = receiver_input_channel_4;
    }
  }
  if(trigger == 0){
    error = 1;
    Serial.println(F("No stick movement detected in the last 30 seconds!!! (ERROR 2)"));
  }
  // Assign the stick to the function.
  else{
    if(movement == 1){
      channel_3_assign = trigger;
      if(pulse_length < 1250)channel_3_assign += 0b10000000;
    }
    if(movement == 2){
      channel_1_assign = trigger;
```

```
      if(pulse_length < 1250)channel_1_assign += 0b10000000;
    }
    if(movement == 3){
      channel_2_assign = trigger;
      if(pulse_length < 1250)channel_2_assign += 0b10000000;
    }
    if(movement == 4){
      channel_4_assign = trigger;
      if(pulse_length < 1250)channel_4_assign += 0b10000000;
    }
  }
}

void check_to_continue( ){
  byte continue_byte = 0;
  while(continue_byte == 0){
    if(channel_2_assign == 0b00000001 && receiver_input_channel_1 >
                  center_channel_1 + 150)continue_byte = 1;
    if(channel_2_assign == 0b10000001 && receiver_input_channel_1 <
                  center_channel_1 - 150)continue_byte = 1;
    if(channel_2_assign == 0b00000010 && receiver_input_channel_2 >
                  center_channel_2 + 150)continue_byte = 1;
    if(channel_2_assign == 0b10000010 && receiver_input_channel_2
                  < center_channel_2 - 150)continue_byte = 1;
    if(channel_2_assign == 0b00000011 && receiver_input_channel_3
                  > center_channel_3 + 150)continue_byte = 1;
    if(channel_2_assign == 0b10000011 && receiver_input_channel_3
                  < center_channel_3 - 150)continue_byte = 1;
    if(channel_2_assign == 0b00000100 && receiver_input_channel_4
                  > center_channel_4 + 150)continue_byte = 1;
    if(channel_2_assign == 0b10000100 && receiver_input_channel_4
                  < center_channel_4 - 150)continue_byte = 1;
    delay(100);
  }
  wait_sticks_zero( );
}

// Check if the transmitter sticks are in the neutral position
void wait_sticks_zero( ){
```

```
    byte zero = 0;
    while(zero < 15){
      if(receiver_input_channel_1 < center_channel_1 + 20 &&
                    receiver_input_channel_1 > center_channel_1 - 20)zero |= 0b00000001;
      if(receiver_input_channel_2 < center_channel_2 + 20 &&
                    receiver_input_channel_2 > center_channel_2 - 20)zero |= 0b00000010;
      if(receiver_input_channel_3 < center_channel_3 + 20 &&
                    receiver_input_channel_3 > center_channel_3 - 20)zero |= 0b00000100;
      if(receiver_input_channel_4 < center_channel_4 + 20 &&
                    receiver_input_channel_4 > center_channel_4 - 20)zero |= 0b00001000;
      delay(100);
    }
  }

// Checck if the receiver values are valid within 10 seconds
void wait_for_receiver( ){
  byte zero = 0;
  timer = millis( ) + 10000;
  while(timer > millis( ) && zero < 15){
    if(receiver_input_channel_1 < 2100 && receiver_input_channel_1 > 900)zero |= 0b00000001;
    if(receiver_input_channel_2 < 2100 && receiver_input_channel_2 > 900)zero |= 0b00000010;
    if(receiver_input_channel_3 < 2100 && receiver_input_channel_3 > 900)zero |= 0b00000100;
    if(receiver_input_channel_4 < 2100 && receiver_input_channel_4 > 900)zero |= 0b00001000;
    delay(500);
    Serial.print(F("."));
  }
  if(zero == 0){
    error = 1;
    Serial.println(F("."));
    Serial.println(F("No valid receiver signals found!!! (ERROR 1)"));
  }
  else Serial.println(F(" OK"));
}

// Register the min and max receiver values and exit when the sticks are back in the neutral position
void register_min_max( ){
  byte zero = 0;
  low_channel_1 = receiver_input_channel_1;
  low_channel_2 = receiver_input_channel_2;
```

```
      low_channel_3 = receiver_input_channel_3;
      low_channel_4 = receiver_input_channel_4;
      while(receiver_input_channel_1 < center_channel_1 + 20 &&
                       receiver_input_channel_1 > center_channel_1 - 20)delay(250);
      Serial.println(F("Measuring endpoints...."));
      while(zero < 15){
        if(receiver_input_channel_1 < center_channel_1 + 20 &&
                       receiver_input_channel_1 > center_channel_1 - 20)zero |= 0b00000001;
        if(receiver_input_channel_2 < center_channel_2 + 20 &&
                       receiver_input_channel_2 > center_channel_2 - 20)zero |= 0b00000010;
        if(receiver_input_channel_3 < center_channel_3 + 20 &&
                       receiver_input_channel_3 > center_channel_3 - 20)zero |= 0b00000100;
        if(receiver_input_channel_4 < center_channel_4 + 20 &&
                       receiver_input_channel_4 > center_channel_4 - 20)zero |= 0b00001000;
        if(receiver_input_channel_1 < low_channel_1)low_channel_1 = receiver_input_channel_1;
        if(receiver_input_channel_2 < low_channel_2)low_channel_2 = receiver_input_channel_2;
        if(receiver_input_channel_3 < low_channel_3)low_channel_3 = receiver_input_channel_3;
        if(receiver_input_channel_4 < low_channel_4)low_channel_4 = receiver_input_channel_4;
        if(receiver_input_channel_1 > high_channel_1)high_channel_1 = receiver_input_channel_1;
        if(receiver_input_channel_2 > high_channel_2)high_channel_2 = receiver_input_channel_2;
        if(receiver_input_channel_3 > high_channel_3)high_channel_3 = receiver_input_channel_3;
        if(receiver_input_channel_4 > high_channel_4)high_channel_4 = receiver_input_channel_4;
        delay(100);
      }
    }


// Check if the angular position of a gyro axis is changing within 10 seconds
void check_gyro_axes(byte movement){
  byte trigger_axis = 0;
  float gyro_angle_roll, gyro_angle_pitch, gyro_angle_yaw;
  // Reset all axes
  gyro_angle_roll = 0;
  gyro_angle_pitch = 0;
  gyro_angle_yaw = 0;
  gyro_signalen( );
  timer = millis( ) + 10000;
  while(timer > millis( ) && gyro_angle_roll > −30 && gyro_angle_roll < 30    &&
                       gyro_angle_pitch > −30 && gyro_angle_pitch < 30   &&
                       gyro_angle_yaw > −30 && gyro_angle_yaw < 30){
```

第 5 章 基于 Arduino Uno 的四旋翼飞行器的制作

```
    gyro_signalen( );
    if(type == 2 || type == 3){
        gyro_angle_roll += gyro_roll * 0.00007;        // 0.00007 = 17.5 (md/s) / 250(Hz)
        gyro_angle_pitch += gyro_pitch * 0.00007;
        gyro_angle_yaw += gyro_yaw * 0.00007;
    }
    if(type == 1){
        gyro_angle_roll += gyro_roll * 0.0000611;      // 0.0000611 = 1 / 65.5 (LSB degr/s) / 250(Hz)
        gyro_angle_pitch += gyro_pitch * 0.0000611;
        gyro_angle_yaw += gyro_yaw * 0.0000611;
    }

    delayMicroseconds(3700); // Loop is running @ 250Hz. +/-300us is used for communication with the gyro
    }
    //Assign the moved axis to the corresponding function (pitch, roll, yaw)
    if((gyro_angle_roll < -30 || gyro_angle_roll > 30) && gyro_angle_pitch > -30 && gyro_angle_pitch < 30 && gyro_angle_yaw > -30 && gyro_angle_yaw < 30){
        gyro_check_byte |= 0b00000001;
        if(gyro_angle_roll < 0)trigger_axis = 0b10000001;
        else trigger_axis = 0b00000001;
    }
    if((gyro_angle_pitch < -30 || gyro_angle_pitch > 30) && gyro_angle_roll > -30 && gyro_angle_roll < 30 && gyro_angle_yaw > -30 && gyro_angle_yaw < 30){
        gyro_check_byte |= 0b00000010;
        if(gyro_angle_pitch < 0)trigger_axis = 0b10000010;
        else trigger_axis = 0b00000010;
    }
    if((gyro_angle_yaw < -30 || gyro_angle_yaw > 30) && gyro_angle_roll > -30 && gyro_angle_roll < 30 && gyro_angle_pitch > -30 && gyro_angle_pitch < 30){
        gyro_check_byte |= 0b00000100;
        if(gyro_angle_yaw < 0)trigger_axis = 0b10000011;
        else trigger_axis = 0b00000011;
    }

    if(trigger_axis == 0){
        error = 1;
        Serial.println(F("No angular motion is detected in the last 10 seconds!!! (ERROR 4)"));
    }
```

```
    else
    if(movement == 1)roll_axis = trigger_axis;
    if(movement == 2)pitch_axis = trigger_axis;
    if(movement == 3)yaw_axis = trigger_axis;
}

//This routine is called every time input 8, 9, 10 or 11 changed state
ISR(PCINT0_vect){
    current_time = micros( );
    //Channel 1=============================================
    if(PINB & B00000001){                      // Is input 8 high?
        if(last_channel_1 == 0){               // Input 8 changed from 0 to 1
            last_channel_1 = 1;                // Remember current input state
            timer_1 = current_time;            // Set timer_1 to current_time
        }
    }
    else if(last_channel_1 == 1){              // Input 8 is not high and changed from 1 to 0
        last_channel_1 = 0;                    // Remember current input state
        receiver_input_channel_1 = current_time - timer_1;   // Channel 1 is current_time - timer_1
    }
    //Channel 2=============================================
    if(PINB & B00000010 ){                     // Is input 9 high?
        if(last_channel_2 == 0){               // Input 9 changed from 0 to 1
            last_channel_2 = 1;                // Remember current input state
            timer_2 = current_time;            // Set timer_2 to current_time
        }
    }
    else if(last_channel_2 == 1){              // Input 9 is not high and changed from 1 to 0
        last_channel_2 = 0;                    // Remember current input state
        receiver_input_channel_2 = current_time - timer_2;   // Channel 2 is current_time - timer_2
    }
    //Channel 3=============================================
    if(PINB & B00000100 ){                     // Is input 10 high?
        if(last_channel_3 == 0){               // Input 10 changed from 0 to 1
            last_channel_3 = 1;                // Remember current input state
            timer_3 = current_time;            // Set timer_3 to current_time
        }
    }
    else if(last_channel_3 == 1){              // Input 10 is not high and changed from 1 to 0
```

第 5 章 基于 Arduino Uno 的四旋翼飞行器的制作

```
        last_channel_3 = 0;                              // Remember current input state
        receiver_input_channel_3 = current_time - timer_3;   // Channel 3 is current_time - timer_3
    }
}
//Channel 4================================================
if(PINB & B00001000 ){                                  // Is input 11 high?
    if(last_channel_4 == 0){                            // Input 11 changed from 0 to 1
        last_channel_4 = 1;                             // Remember current input state
        timer_4 = current_time;                         // Set timer_4 to current_time
    }
}
else if(last_channel_4 == 1){                           // Input 11 is not high and changed from 1 to 0
    last_channel_4 = 0;                                 // Remember current input state
    receiver_input_channel_4 = current_time - timer_4;  // Channel 4 is current_time - timer_4
}
}

//Intro subroutine
void intro( ){
    Serial.println(F("================================================"));
    delay(1500);
    Serial.println(F(""));
    Serial.println(F("Your"));
    delay(500);
    Serial.println(F("   Multicopter"));
    delay(500);
    Serial.println(F("     Flight"));
    delay(500);
    Serial.println(F("       Controller"));
    delay(1000);
    Serial.println(F(""));
    Serial.println(F("V       V     22222              "));
    delay(200);
    Serial.println(F(" V     V     2     2            "));
    delay(200);
    Serial.println(F("  V   V          2            "));
    delay(200);
    Serial.println(F("   V V         2            "));
    delay(200);
```

```
    Serial.println(F("       V V              2                          "));
    delay(200);
    Serial.println(F("        V           22222222                       "));
    delay(500);
    Serial.println(F(""));
    Serial.println(F("YMFC-V2 Setup Program"));
    Serial.println(F(""));
    Serial.println(F("===================================================="));
    delay(1500);
    Serial.println(F("For support and questions: www.brokking.net"));
    Serial.println(F(""));
    Serial.println(F("Have fun!"));
}
```

5.3.2 Arduino 四旋翼飞行器的飞控源代码

```
///////////////////////////////////////////////////////////////
// Terms of use
///////////////////////////////////////////////////////////////
// THE SOFTWARE IS PROVIDED "AS IS", WITHOUT WARRANTY OF ANY KIND, EXPRESS OR
// IMPLIED, INCLUDING BUT NOT LIMITED TO THE WARRANTIES OF MERCHANTABILITY,
// FITNESS FOR A PARTICULAR PURPOSE AND NONINFRINGEMENT. IN NO EVENT
// SHALL THE AUTHORS OR COPYRIGHT HOLDERS BE LIABLE FOR ANY CLAIM,
// DAMAGES OR OTHER LIABILITY, WHETHER IN AN ACTION OF CONTRACT, TORT OR
// OTHERWISE, ARISING FROM, OUT OF OR IN CONNECTION WITH THE SOFTWARE OR THE
// USE OR OTHER DEALINGS IN THE SOFTWARE.
///////////////////////////////////////////////////////////////
// Safety note
///////////////////////////////////////////////////////////////
// Always remove the propellers and stay away from the motors unless you
// are 100% certain of what you are doing.
///////////////////////////////////////////////////////////////


#include <Wire.h>         // Include the Wire.h library so we can communicate with the gyro.
#include <EEPROM.h>       // Include the EEPROM.h library so we can store information onto the EEPROM


///////////////////////////////////////////////////////////////////////
// PID gain and limit settings
///////////////////////////////////////////////////////////////////////
```

```
float pid_p_gain_roll = 1.4;           // Gain setting for the roll P-controller (1.3)
float pid_i_gain_roll = 0.05;          // Gain setting for the roll I-controller (0.05)
float pid_d_gain_roll = 15;            // Gain setting for the roll D-controller (15)
int pid_max_roll = 400;                // Maximum output of the PID-controller (+/-)

float pid_p_gain_pitch = pid_p_gain_roll;   // Gain setting for the pitch P-controller.
float pid_i_gain_pitch = pid_i_gain_roll;   // Gain setting for the pitch I-controller.
float pid_d_gain_pitch = pid_d_gain_roll;   // Gain setting for the pitch D-controller.
int pid_max_pitch = pid_max_roll;           // Maximum output of the PID-controller (+/-)

float pid_p_gain_yaw = 4.0;            // Gain setting for the pitch P-controller. //4.0
float pid_i_gain_yaw = 0.02;           // Gain setting for the pitch I-controller. //0.02
float pid_d_gain_yaw = 0.0;            // Gain setting for the pitch D-controller.
int pid_max_yaw = 400;                 // Maximum output of the PID-controller (+/-)

/////////////////////////////////////////////////////////////////////////////////////////
//Declaring global variables
/////////////////////////////////////////////////////////////////////////////////////////
byte last_channel_1, last_channel_2, last_channel_3, last_channel_4;
byte eeprom_data[36];
byte highByte, lowByte;
int receiver_input_channel_1, receiver_input_channel_2, receiver_input_channel_3,
        receiver_input_channel_4;
int counter_channel_1, counter_channel_2, counter_channel_3, counter_channel_4, loop_counter;
int esc_1, esc_2, esc_3, esc_4;
int throttle, battery_voltage;
int cal_int, start, gyro_address;
int receiver_input[5];
unsigned long timer_channel_1, timer_channel_2, timer_channel_3, timer_channel_4,
        esc_timer, esc_loop_timer;
unsigned long timer_1, timer_2, timer_3, timer_4, current_time;
unsigned long loop_timer;
double gyro_pitch, gyro_roll, gyro_yaw;
double gyro_axis[4], gyro_axis_cal[4];
float pid_error_temp;
float pid_i_mem_roll, pid_roll_setpoint, gyro_roll_input, pid_output_roll, pid_last_roll_d_error;
float pid_i_mem_pitch, pid_pitch_setpoint, gyro_pitch_input, pid_output_pitch, pid_last_pitch_d_error;
float pid_i_mem_yaw, pid_yaw_setpoint, gyro_yaw_input, pid_output_yaw, pid_last_yaw_d_error;
```

```
//////////////////////////////////////////////////////////////////////////////////////
//Setup routine
//////////////////////////////////////////////////////////////////////////////////////
void setup( )
{
  //Serial.begin(57600);
  //Read EEPROM for fast access data.
  for(start = 0; start <= 35; start++)eeprom_data[start] = EEPROM.read(start);
  gyro_address = eeprom_data[32];          // Store the gyro address in the variable.

  Wire.begin( );                           // Start the I2C as master.

  //Arduino (Atmega) pins default to inputs, so they don't need to be explicitly declared as inputs.
  DDRD |= B11110000;                       // Configure digital poort 4, 5, 6 and 7 as output.
  DDRB |= B00110000;                       // Configure digital poort 12 and 13 as output.

  //Use the led on the Arduino for startup indication.
  digitalWrite(12,HIGH);                   // Turn on the warning led.

  //Check the EEPROM signature to make sure that the setup program is executed
  while(eeprom_data[33] != 'J' || eeprom_data[34] != 'M' || eeprom_data[35] != 'B')delay(10);

  set_gyro_registers( );                   // Set the specific gyro registers.

  for (cal_int = 0; cal_int < 1250 ; cal_int ++)
  {    // Wait 5 seconds before continuing.
    PORTD |= B11110000;                    // Set digital poort 4, 5, 6 and 7 high.
    delayMicroseconds(1000);               // Wait 1000us.
    PORTD &= B00001111;                    // Set digital poort 4, 5, 6 and 7 low.
    delayMicroseconds(3000);               // Wait 3000us.
  }

  // Let's take multiple gyro data samples so we can determine the average gyro offset (calibration).
  for (cal_int = 0; cal_int < 2000 ; cal_int ++)
  {        // Take 2000 readings for calibration.
    if(cal_int % 15 == 0)digitalWrite(12, !digitalRead(12));  // Change the led status to indicate
                                                              // calibration.
    gyro_signalen( );                      // Read the gyro output.
    gyro_axis_cal[1] += gyro_axis[1];      // Ad roll value to gyro_roll_cal.
```

第 5 章　基于 Arduino Uno 的四旋翼飞行器的制作

```
    gyro_axis_cal[2] += gyro_axis[2];           // Ad pitch value to gyro_pitch_cal.
    gyro_axis_cal[3] += gyro_axis[3];           // Ad yaw value to gyro_yaw_cal.
    // We don't want the esc's to be beeping annoyingly. So let's give them a 1000us puls
    // while calibrating the gyro.
    PORTD |= B11110000;                         // Set digital poort 4, 5, 6 and 7 high.
    delayMicroseconds(1000);                    // Wait 1000us.
    PORTD &= B00001111;                         // Set digital poort 4, 5, 6 and 7 low.
    delay(3);                                   // Wait 3 milliseconds before the next loop.
}
//Now that we have 2000 measures, we need to devide by 2000 to get the average gyro offset.
gyro_axis_cal[1] /= 2000;                       // Divide the roll total by 2000.
gyro_axis_cal[2] /= 2000;                       // Divide the pitch total by 2000.
gyro_axis_cal[3] /= 2000;                       // Divide the yaw total by 2000.

PCICR |= (1 << PCIE0);                          // Set PCIE0 to enable PCMSK0 scan.
PCMSK0 |= (1 << PCINT0);  // Set PCINT0 (digital input 8) to trigger an interrupt on state change.
PCMSK0 |= (1 << PCINT1);  // Set PCINT1 (digital input 9) to trigger an interrupt on state change.
PCMSK0 |= (1 << PCINT2);  // Set PCINT2 (digital input 10) to trigger an interrupt on state change.
PCMSK0 |= (1 << PCINT3);  // Set PCINT3 (digital input 11) to trigger an interrupt on state change.

// Wait until the receiver is active and the throtle is set to the lower position.
while(receiver_input_channel_3 < 990 || receiver_input_channel_3 > 1020 ||
        receiver_input_channel_4 < 1400)
{
    receiver_input_channel_3 = convert_receiver_channel(3);
              // Convert the actual receiver signals for throttle to the standard 1000 - 2000us
    receiver_input_channel_4 = convert_receiver_channel(4);
              // Convert the actual receiver signals for yaw to the standard 1000 - 2000us
    start ++;     // While waiting increment start with every loop.
    // We don't want the esc's to be beeping annoyingly. So let's give them a 1000us puls
    // while waiting for the receiver inputs.
    PORTD |= B11110000;                         // Set digital poort 4, 5, 6 and 7 high.
    delayMicroseconds(1000);                    // Wait 1000us.
    PORTD &= B00001111;                         // Set digital poort 4, 5, 6 and 7 low.
    delay(3);                                   // Wait 3 milliseconds before the next loop.
    if(start == 125)
    {                                           // Every 125 loops (500ms).
        digitalWrite(12, !digitalRead(12));     // Change the led status.
        start = 0;                              // Start again at 0.
```

```
      }
    }
    start = 0;                                   // Set start back to 0.

    // Load the battery voltage to the battery_voltage variable.
    // 65 is the voltage compensation for the diode.
    // 12.6V equals ~5 V @ Analog 0.
    // 12.6V equals 1023 analogRead(0).
    // 1260 / 1023 = 1.2317.
    // The variable battery_voltage holds 1050 if the battery voltage is 10.5 V.
    battery_voltage = (analogRead(0) + 65) * 1.2317;

    //When everything is done, turn off the led.
    digitalWrite(12,LOW);                        // Turn off the warning led.
}
////////////////////////////////////////////////////////////////////////////////////////
//Main program loop
////////////////////////////////////////////////////////////////////////////////////////
void loop( )
{
    receiver_input_channel_1 = convert_receiver_channel(1);
                // Convert the actual receiver signals for pitch to the standard 1000 - 2000us.
    receiver_input_channel_2 = convert_receiver_channel(2);
                // Convert the actual receiver signals for roll to the standard 1000 - 2000us.
    receiver_input_channel_3 = convert_receiver_channel(3);
                // Convert the actual receiver signals for throttle to the standard 1000 - 2000us.
    receiver_input_channel_4 = convert_receiver_channel(4);
                // Convert the actual receiver signals for yaw to the standard 1000 - 2000us.

                // Let's get the current gyro data and scale it to degrees per second for the pid calculations.
    gyro_signalen( );

    gyro_roll_input = (gyro_roll_input * 0.8) + ((gyro_roll / 57.14286) * 0.2);
                // Gyro pid input is deg/sec.
    gyro_pitch_input = (gyro_pitch_input * 0.8) + ((gyro_pitch / 57.14286) * 0.2);
                // Gyro pid input is deg/sec.
    gyro_yaw_input = (gyro_yaw_input * 0.8) + ((gyro_yaw / 57.14286) * 0.2);
                // Gyro pid input is deg/sec.
```

```
// For starting the motors: throttle low and yaw left (step 1).
if(receiver_input_channel_3 < 1050 && receiver_input_channel_4 < 1050)start = 1;
// When yaw stick is back in the center position start the motors (step 2).
if(start == 1 && receiver_input_channel_3 < 1050 && receiver_input_channel_4 > 1450){
    start = 2;
    // Reset the pid controllers for a bumpless start.
    pid_i_mem_roll = 0;
    pid_last_roll_d_error = 0;
    pid_i_mem_pitch = 0;
    pid_last_pitch_d_error = 0;
    pid_i_mem_yaw = 0;
    pid_last_yaw_d_error = 0;
}
//Stopping the motors: throttle low and yaw right.
if(start == 2 && receiver_input_channel_3 < 1050 && receiver_input_channel_4 > 1950)start = 0;


// The PID set point in degrees per second is determined by the roll receiver input.
// In the case of deviding by 3 the max roll rate is aprox 164 degrees per
// second ( (500-8)/3 = 164d/s ).
pid_roll_setpoint = 0;
// We need a little dead band of 16us for better results.
if(receiver_input_channel_1 > 1508)pid_roll_setpoint = (receiver_input_channel_1 – 1508)/3.0;
else if(receiver_input_channel_1 < 1492)pid_roll_setpoint =
        (receiver_input_channel_1 - 1492)/3.0;


// The PID set point in degrees per second is determined by the pitch receiver input.
// In the case of deviding by 3 the max pitch rate is aprox 164 degrees
        per second ( (500−8)/3 = 164d/s ).
pid_pitch_setpoint = 0;
// We need a little dead band of 16us for better results.
if(receiver_input_channel_2 > 1508) pid_pitch_setpoint = (receiver_input_channel_2 - 1508)/3.0;
else if(receiver_input_channel_2 < 1492) pid_pitch_setpoint =
        (receiver_input_channel_2 - 1492)/3.0;


// The PID set point in degrees per second is determined by the yaw receiver input.
// In the case of deviding by 3 the max yaw rate is aprox 164 degrees per
        second ( (500-8)/3 = 164d/s ).
pid_yaw_setpoint = 0;
// We need a little dead band of 16us for better results.
```

```
if(receiver_input_channel_3 > 1050)
  {                     //Do not yaw when turning off the motors.
    if(receiver_input_channel_4 > 1508) pid_yaw_setpoint = (receiver_input_channel_4 - 1508)/3.0;
    else if(receiver_input_channel_4 < 1492) pid_yaw_setpoint =
        (receiver_input_channel_4 - 1492)/3.0;
  }
// PID inputs are known. So we can calculate the pid output.
calculate_pid( );


// The battery voltage is needed for compensation.
// A complementary filter is used to reduce noise.
// 0.09853 = 0.08 * 1.2317.
battery_voltage = battery_voltage * 0.92 + (analogRead(0) + 65) * 0.09853;


// Turn on the led if battery voltage is to low.
if(battery_voltage < 1030 && battery_voltage > 600)digitalWrite(12, HIGH);


throttle = receiver_input_channel_3;      // We need the throttle signal as a base signal.

if (start == 2)
  {                     // The motors are started.
    if (throttle > 1800) throttle = 1800;    // We need some room to keep full control at full throttle.
    esc_1 = throttle - pid_output_pitch + pid_output_roll - pid_output_yaw; // Calculate the pulse for
                                                                esc-1 (front-right - CCW)
    esc_2 = throttle + pid_output_pitch + pid_output_roll + pid_output_yaw; // Calculate the pulse
                                                                for esc-2 (rear-right - CW)
    esc_3 = throttle + pid_output_pitch - pid_output_roll - pid_output_yaw; // Calculate the pulse for
                                                                esc-3 (rear-left - CCW)
    esc_4 = throttle - pid_output_pitch - pid_output_roll + pid_output_yaw; // Calculate the pulse for
                                                                esc-4 (front-left - CW)

    if (battery_voltage < 1240 && battery_voltage > 800)
      {      // Is the battery connected?
        esc_1 += esc_1 * ((1240 - battery_voltage)/(float)3500);
                        // Compensate the esc-1 pulse for voltage drop.
        esc_2 += esc_2 * ((1240 - battery_voltage)/(float)3500);
                        // Compensate the esc-2 pulse for voltage drop.
        esc_3 += esc_3 * ((1240 - battery_voltage)/(float)3500);
                        // Compensate the esc-3 pulse for voltage drop.
```

第 5 章 基于 Arduino Uno 的四旋翼飞行器的制作

```
    esc_4 += esc_4 * ((1240 - battery_voltage)/(float)3500);
                    // Compensate the esc-4 pulse for voltage drop.
  }

    if (esc_1 < 1200) esc_1 = 1200;        // Keep the motors running.
    if (esc_2 < 1200) esc_2 = 1200;        // Keep the motors running.
    if (esc_3 < 1200) esc_3 = 1200;        // Keep the motors running.
    if (esc_4 < 1200) esc_4 = 1200;        // Keep the motors running.

    if(esc_1 > 2000)esc_1 = 2000;          // Limit the esc-1 pulse to 2000us.
    if(esc_2 > 2000)esc_2 = 2000;          // Limit the esc-2 pulse to 2000us.
    if(esc_3 > 2000)esc_3 = 2000;          // Limit the esc-3 pulse to 2000us.
    if(esc_4 > 2000)esc_4 = 2000;          // Limit the esc-4 pulse to 2000us.
  }

  else{
    esc_1 = 1000;      // If start is not 2 keep a 1000us pulse for ess-1.
    esc_2 = 1000;      // If start is not 2 keep a 1000us pulse for ess-2.
    esc_3 = 1000;      // If start is not 2 keep a 1000us pulse for ess-3.
    esc_4 = 1000;      // If start is not 2 keep a 1000us pulse for ess-4.
  }

  // All the information for controlling the motor's is available.
  // The refresh rate is 250Hz. That means the esc's need there pulse every 4ms.
  while(micros( ) - loop_timer < 4000);    // We wait until 4000us are passed.
  loop_timer = micros( );                  // Set the timer for the next loop.

  PORTD |= B11110000;                      // Set digital outputs 4,5,6 and 7 high.
  timer_channel_1 = esc_1 + loop_timer;    // Calculate the time of the faling edge of the esc-1 pulse.
  timer_channel_2 = esc_2 + loop_timer;    // Calculate the time of the faling edge of the esc-2 pulse.
  timer_channel_3 = esc_3 + loop_timer;    // Calculate the time of the faling edge of the esc-3 pulse.
  timer_channel_4 = esc_4 + loop_timer;    // Calculate the time of the faling edge of the esc-4 pulse.

  while(PORTD >= 16)
  {                    // Stay in this loop until output 4,5,6 and 7 are low.
    esc_loop_timer = micros( );            // Read the current time.
    if(timer_channel_1 <= esc_loop_timer)PORTD &= B11101111;
                    // Set digital output 4 to low if the time is expired.
    if(timer_channel_2 <= esc_loop_timer)PORTD &= B11011111;
```

```cpp
                                           // Set digital output 5 to low if the time is expired.
    if(timer_channel_3 <= esc_loop_timer)PORTD &= B10111111;
                                           // Set digital output 6 to low if the time is expired.
    if(timer_channel_4 <= esc_loop_timer)PORTD &= B01111111;
                                           // Set digital output 7 to low if the time is expired.
  }
}


////////////////////////////////////////////////////////////////////////////////////////////////
//This routine is called every time input 8, 9, 10 or 11 changed state
////////////////////////////////////////////////////////////////////////////////////////////////
ISR(PCINT0_vect)
{
  current_time = micros( );
  //Channel 1=========================================
  if(PINB & B00000001)
  {                             // Is input 8 high?
    if(last_channel_1 == 0)
    {                           // Input 8 changed from 0 to 1
      last_channel_1 = 1;                      // Remember current input state
      timer_1 = current_time;                  // Set timer_1 to current_time
    }
  }
  else if(last_channel_1 == 1)
  {                           // Input 8 is not high and changed from 1 to 0
    last_channel_1 = 0;                        // Remember current input state
    receiver_input[1] = current_time - timer_1;  // Channel 1 is current_time - timer_1
  }
  //Channel 2=========================================
  if(PINB & B00000010 )
  {                             // Is input 9 high?
    if(last_channel_2 == 0)
    {                           // Input 9 changed from 0 to 1
      last_channel_2 = 1;                      // Remember current input state
      timer_2 = current_time;                  // Set timer_2 to current_time
    }
  }
  else if(last_channel_2 == 1)
  {                           // Input 9 is not high and changed from 1 to 0
```

第 5 章 基于 Arduino Uno 的四旋翼飞行器的制作

```
      last_channel_2 = 0;                          // Remember current input state
      receiver_input[2] = current_time - timer_2;  // Channel 2 is current_time - timer_2
  }
  //Channel 3========================================
  if(PINB & B00000100 )
    {                                              // Is input 10 high?
      if(last_channel_3 == 0)
        {                                          // Input 10 changed from 0 to 1
          last_channel_3 = 1;                      // Remember current input state
          timer_3 = current_time;                  // Set timer_3 to current_time
        }
    }
  else if(last_channel_3 == 1)
    {                                              // Input 10 is not high and changed from 1 to 0
      last_channel_3 = 0;                          // Remember current input state
      receiver_input[3] = current_time - timer_3;  // Channel 3 is current_time - timer_3


    }
  //Channel 4========================================
  if(PINB & B00001000 )
    {                                              // Is input 11 high?
      if(last_channel_4 == 0)
        {                                          // Input 11 changed from 0 to 1
          last_channel_4 = 1;                      // Remember current input state
          timer_4 = current_time;                  // Set timer_4 to current_time
        }
    }
  else if(last_channel_4 == 1)
    {                                              // Input 11 is not high and changed from 1 to 0
      last_channel_4 = 0;                          // Remember current input state
      receiver_input[4] = current_time - timer_4;  // Channel 4 is current_time - timer_4
    }
}

///////////////////////////////////////////////////////////////////////////////////////
//Subroutine for reading the gyro
///////////////////////////////////////////////////////////////////////////////////////
void gyro_signalen( )
{
```

```
//Read the L3G4200D or L3GD20H
if(eeprom_data[31] == 2 || eeprom_data[31] == 3)
{
    Wire.beginTransmission(gyro_address);   // Start communication with the gyro (address 1101001)
    Wire.write(168);                        // Start reading @ register 28h and auto increment with every read
    Wire.endTransmission( );                // End the transmission
    Wire.requestFrom(gyro_address, 6);      // Request 6 bytes from the gyro
    while(Wire.available( ) < 6);           // Wait until the 6 bytes are received
    lowByte = Wire.read( );                 // First received byte is the low part of the angular data
    highByte = Wire.read( );                // Second received byte is the high part of the angular data
    gyro_axis[1] = ((highByte<<8)|lowByte); // Multiply highByte by 256 (shift left by 8)
                                            // and ad lowByte
    lowByte = Wire.read( );                 // First received byte is the low part of the angular data
    highByte = Wire.read( );                // Second received byte is the high part of the angular data
    gyro_axis[2] = ((highByte<<8)|lowByte); // Multiply highByte by 256 (shift left by 8) and
                                            // ad lowByte
    lowByte = Wire.read( );                 // First received byte is the low part of the angular data
    highByte = Wire.read( );                // Second received byte is the high part of the angular data
    gyro_axis[3] = ((highByte<<8)|lowByte); // Multiply highByte by 256 (shift left by 8) and
                                            // ad lowByte
}

//Read the MPU-6050
if(eeprom_data[31] == 1)
{
    Wire.beginTransmission(gyro_address);   // Start communication with the gyro
    Wire.write(0x43);                       // Start reading @ register 43h and auto increment with every read
    Wire.endTransmission( );                // End the transmission
    Wire.requestFrom(gyro_address,6);       // Request 6 bytes from the gyro
    while(Wire.available( ) < 6);           // Wait until the 6 bytes are received
    gyro_axis[1] = Wire.read( )<<8|Wire.read( );  // Read high and low part of the angular data
    gyro_axis[2] = Wire.read( )<<8|Wire.read( );  // Read high and low part of the angular data
    gyro_axis[3] = Wire.read( )<<8|Wire.read( );  // Read high and low part of the angular data
}

if(cal_int == 2000)
{
    gyro_axis[1] -= gyro_axis_cal[1];       // Only compensate after the calibration
    gyro_axis[2] -= gyro_axis_cal[2];       // Only compensate after the calibration
```

```
      gyro_axis[3] -= gyro_axis_cal[3];           // Only compensate after the calibration
  }
  gyro_roll = gyro_axis[eeprom_data[28] & 0b00000011];
  if(eeprom_data[28] & 0b10000000)gyro_roll *= -1;
  gyro_pitch = gyro_axis[eeprom_data[29] & 0b00000011];
  if(eeprom_data[29] & 0b10000000)gyro_pitch *= -1;
  gyro_yaw = gyro_axis[eeprom_data[30] & 0b00000011];
  if(eeprom_data[30] & 0b10000000)gyro_yaw *= -1;
}


///////////////////////////////////////////////////////////////////////////////////////////////
// Subroutine for calculating pid outputs
///////////////////////////////////////////////////////////////////////////////////////////////
// The PID controllers are explained in part 5 of the YMFC-3D video session:
// www.youtube.com/watch?v=JBvnB0279-Q

void calculate_pid( )
{
  // Roll calculations
  pid_error_temp = gyro_roll_input - pid_roll_setpoint;
  pid_i_mem_roll += pid_i_gain_roll * pid_error_temp;
  if(pid_i_mem_roll > pid_max_roll)pid_i_mem_roll = pid_max_roll;
  else if(pid_i_mem_roll < pid_max_roll * -1)pid_i_mem_roll = pid_max_roll * -1;

  pid_output_roll = pid_p_gain_roll * pid_error_temp + pid_i_mem_roll +
                    pid_d_gain_roll * (pid_error_temp - pid_last_roll_d_error);
  if(pid_output_roll > pid_max_roll)pid_output_roll = pid_max_roll;
  else if(pid_output_roll < pid_max_roll * -1)pid_output_roll = pid_max_roll * -1;

  pid_last_roll_d_error = pid_error_temp;

  // Pitch calculations
  pid_error_temp = gyro_pitch_input - pid_pitch_setpoint;
  pid_i_mem_pitch += pid_i_gain_pitch * pid_error_temp;
  if(pid_i_mem_pitch > pid_max_pitch)pid_i_mem_pitch = pid_max_pitch;
  else if(pid_i_mem_pitch < pid_max_pitch * -1)pid_i_mem_pitch = pid_max_pitch * -1;

  pid_output_pitch = pid_p_gain_pitch * pid_error_temp + pid_i_mem_pitch +
          pid_d_gain_pitch * (pid_error_temp - pid_last_pitch_d_error);
```

```
    if(pid_output_pitch > pid_max_pitch)pid_output_pitch = pid_max_pitch;
    else if(pid_output_pitch < pid_max_pitch * -1)pid_output_pitch = pid_max_pitch * -1;

    pid_last_pitch_d_error = pid_error_temp;

    // Yaw calculations
    pid_error_temp = gyro_yaw_input – pid_yaw_setpoint;
    pid_i_mem_yaw += pid_i_gain_yaw * pid_error_temp;
    if(pid_i_mem_yaw > pid_max_yaw)pid_i_mem_yaw = pid_max_yaw;
    else if(pid_i_mem_yaw < pid_max_yaw * -1)pid_i_mem_yaw = pid_max_yaw * –1;

    pid_output_yaw = pid_p_gain_yaw * pid_error_temp + pid_i_mem_yaw +
            pid_d_gain_yaw * (pid_error_temp – pid_last_yaw_d_error);
    if(pid_output_yaw > pid_max_yaw)pid_output_yaw = pid_max_yaw;
    else if(pid_output_yaw < pid_max_yaw * -1)pid_output_yaw = pid_max_yaw * –1;

    pid_last_yaw_d_error = pid_error_temp;
}

//This part converts the actual receiver signals to a standardized 1000 – 1500 – 2000 microsecond value.
//The stored data in the EEPROM is used.
int convert_receiver_channel(byte function){
    byte channel, reverse;                      //First we declare some local variables
    int low, center, high, actual;
    int difference;

    channel = eeprom_data[function + 23] & 0b00000111;
                            //What channel corresponds with the specific function
    if(eeprom_data[function + 23] & 0b10000000)reverse = 1;
                            //Reverse channel when most significant bit is set
    else reverse = 0;            //If the most significant is not set there is no reverse

    actual = receiver_input[channel];    //Read the actual receiver value for the corresponding function
    low = (eeprom_data[channel * 2 + 15] << 8) | eeprom_data[channel * 2 + 14];
                            //Store the low value for the specific receiver input channel
    center = (eeprom_data[channel * 2 - 1] << 8) | eeprom_data[channel * 2 – 2];
                            //Store the center value for the specific receiver input channel
    high = (eeprom_data[channel * 2 + 7] << 8) | eeprom_data[channel * 2 + 6];
                            //Store the high value for the specific receiver input channel
```

```
    if(actual <
        center){         //The actual receiver value is lower than the center value
        if(actual < low)actual = low; //Limit the lowest value to the value that was detected during setup
        difference = ((long)(center - actual) * (long)500) / (center – low);
                         //Calculate and scale the actual value to a 1000 - 2000us value
        if(reverse == 1)return 1500 + difference;        // If the channel is reversed
        else return 1500 - difference;                   // If the channel is not reversed
    }
    else if(actual >
        center){                         // The actual receiver value is higher than the center value
        if(actual > high)actual = high;// Limit the lowest value to the value that was detected during setup
        difference = ((long)(actual - center) * (long)500) / (high – center);
                         // Calculate and scale the actual value to a 1000 – 2000us value
        if(reverse == 1)return 1500 - difference;        // If the channel is reversed
        else return 1500 + difference;                   // If the channel is not reversed
    }
    else return 1500;
}


void set_gyro_registers( )
{
    //Setup the MPU-6050
    if(eeprom_data[31] == 1)
    {
        Wire.beginTransmission(gyro_address);     // Start communication with the address found
                                                  // during search.
        Wire.write(0x6B);                         // We want to write to the PWR_MGMT_1 register (6B hex)
        Wire.write(0x00);                         // Set the register bits as 00000000 to activate the gyro
        Wire.endTransmission( );                  // End the transmission with the gyro.

        Wire.beginTransmission(gyro_address);     // Start communication with the address found
                                                  // during search.
        Wire.write(0x1B);                         // We want to write to the GYRO_CONFIG register (1B hex)
        Wire.write(0x08);                         // Set the register bits as 00001000 (500dps full scale)
        Wire.endTransmission( );                  // End the transmission with the gyro

        //Let's perform a random register check to see if the values are written correct
        Wire.beginTransmission(gyro_address);            // Start communication with the address found
```

```cpp
                                              // during search
    Wire.write(0x1B);                         // Start reading @ register 0x1B
    Wire.endTransmission( );                  // End the transmission
    Wire.requestFrom(gyro_address, 1);        // Request 1 bytes from the gyro
    while(Wire.available( ) < 1);             // Wait until the 6 bytes are received
    if(Wire.read( ) != 0x08)
    {                                         // Check if the value is 0x08
      digitalWrite(12, HIGH);                 // Turn on the warning led
      while(1)delay(10);                      // Stay in this loop for ever
    }

    Wire.beginTransmission(gyro_address);     // Start communication with the address found
                                              // during search
    Wire.write(0x1A);                         // We want to write to the GYRO_CONFIG register (1B hex)
    Wire.write(0x03);                         // Set the register bits as 00001000 (500dps full scale)
    Wire.endTransmission( );                  // End the transmission with the gyro
}
// Setup the L3G4200D
if(eeprom_data[31] == 2)
{
    Wire.beginTransmission(gyro_address);     // Start communication with the address found
                                              // during search.
    Wire.write(0x20);                         // We want to write to register 1 (20 hex).
    Wire.write(0x0F);   // Set the register bits as 00001111 (Turn on the gyro and enable all axis).
    Wire.endTransmission( );                  // End the transmission with the gyro.

    Wire.beginTransmission(gyro_address);     // Start communication with the address found
                                              // during search.
    Wire.write(0x23);                         // We want to write to register 4 (23 hex).
    Wire.write(0x90);   // Set the register bits as 10010000 (Block Data Update active & 500dps
                        // full scale).
    Wire.endTransmission( );                  // End the transmission with the gyro.

    // Let's perform a random register check to see if the values are written correct
    Wire.beginTransmission(gyro_address);     // Start communication with the address found
                                              // during search
    Wire.write(0x23);                         // Start reading @ register 0x23
    Wire.endTransmission( );                  // End the transmission
    Wire.requestFrom(gyro_address, 1);        // Request 1 bytes from the gyro
```

第 5 章 基于 Arduino Uno 的四旋翼飞行器的制作

```
    while(Wire.available( ) < 1);           // Wait until the 6 bytes are received
    if(Wire.read( ) != 0x90)
    {                                       // Check if the value is 0x90
      digitalWrite(12, HIGH);               // Turn on the warning led
      while(1)delay(10);                    // Stay in this loop for ever
    }

}
// Setup the L3GD20H
if(eeprom_data[31] == 3)
{
    Wire.beginTransmission(gyro_address);   // Start communicationwith the address found
                                            // during search.
    Wire.write(0x20);                       // We want to write to register 1 (20 hex).
    Wire.write(0x0F);   // Set the register bits as 00001111 (Turn on the gyro and enable all axis).
    Wire.endTransmission( );                // End the transmission with the gyro.

    Wire.beginTransmission(gyro_address);   // Start communication with the address found
                                            // during search.
    Wire.write(0x23);                       // We want to write to register 4 (23 hex).
    Wire.write(0x90);   // Set the register bits as 10010000 (Block Data Update active &
                                            // 500dps full scale).
    Wire.endTransmission( );                // End the transmission with the gyro.

    // Let's perform a random register check to see if the values are written correct
    Wire.beginTransmission(gyro_address);   // Start communication with the address found
                                            // during search
    Wire.write(0x23);                       // Start reading @ register 0x23
    Wire.endTransmission( );                // End the transmission
    Wire.requestFrom(gyro_address, 1);      // Request 1 bytes from the gyro
    while(Wire.available( ) < 1);           // Wait until the 6 bytes are received
    if(Wire.read( ) != 0x90)
    {                                       // Check if the value is 0x90
      digitalWrite(12,HIGH);                // Turn on the warning led
      while(1)delay(10);                    // Stay in this loop for ever
    }
  }
}
```

5.3.3 Arduino 四旋翼飞行器的 ESC 校正源代码

```
/////////////////////////////////////////////////////////////////////////
// Terms of use
/////////////////////////////////////////////////////////////////////////
// THE SOFTWARE IS PROVIDED "AS IS", WITHOUT WARRANTY OF ANY KIND, EXPRESS OR
// IMPLIED, INCLUDING BUT NOT LIMITED TO THE WARRANTIES OF MERCHANTABILITY,
// FITNESS FOR A PARTICULAR PURPOSE AND NONINFRINGEMENT. IN NO EVENT SHALL
// THE AUTHORS OR COPYRIGHT HOLDERS BE LIABLE FOR ANY CLAIM, DAMAGES OR
// OTHER LIABILITY, WHETHER IN AN ACTION OF CONTRACT, TORT OR OTHERWISE,
// ARISING FROM,OUT OF OR IN CONNECTION WITH THE SOFTWARE OR THE USE OR
// OTHER DEALINGS IN THE SOFTWARE.
//
/////////////////////////////////////////////////////////////////////////
// Safety note
/////////////////////////////////////////////////////////////////////////
// Always remove the propellers and stay away from the motors unless you
// are 100% certain of what you are doing.
/////////////////////////////////////////////////////////////////////////

#include <EEPROM.h>           // Include the EEPROM.h library so we can store information onto the
                              // EEPROM

// Declaring global variables
byte last_channel_1, last_channel_2, last_channel_3, last_channel_4;
byte eeprom_data[36];
int receiver_input_channel_1, receiver_input_channel_2, receiver_input_channel_3,
        receiver_input_ channel_4;
int counter_channel_1, counter_channel_2, counter_channel_3, counter_channel_4, start;
int receiver_input[5];
// int temp;
unsigned long timer_channel_1, timer_channel_2, timer_channel_3, timer_channel_4,
        esc_timer, esc_loop_timer;
unsigned long zero_timer, timer_1, timer_2, timer_3, timer_4, current_time;

// Setup routine
void setup( )
{
    // Arduino Uno pins default to inputs, so they don't need to be explicitly declared as inputs
```

第 5 章　基于 Arduino Uno 的四旋翼飞行器的制作

```
    DDRD |= B11110000;              // Configure digital poort 4, 5, 6 and 7 as output
    DDRB |= B00010000;              // Configure digital poort 12 as output

    PCICR |= (1 << PCIE0);          // set PCIE0 to enable PCMSK0 scan
    PCMSK0 |= (1 << PCINT0);        // set PCINT0 (digital input 8) to trigger an interrupt on state change
    PCMSK0 |= (1 << PCINT1);        // set PCINT1 (digital input 9)to trigger an interrupt on state change
    PCMSK0 |= (1 << PCINT2);        // set PCINT2 (digital input 10)to trigger an interrupt on state change
    PCMSK0 |= (1 << PCINT3);        // set PCINT3 (digital input 11)to trigger an interrupt on state change

    // Read EEPROM for fast access data
    for(start = 0; start <= 35; start++)eeprom_data[start] = EEPROM.read(start);

    // Check the EEPROM signature to make sure that the setup program is executed
    while(eeprom_data[33] != 'J' || eeprom_data[34] != 'M' || eeprom_data[35] != 'B')
    {
       delay(500);
       digitalWrite(12, !digitalRead(12));    // Change the led status to indicate error.
    }
    wait_for_receiver( );                     /// Wait until the receiver is active.
    zero_timer = micros( );                   // Set the zero_timer for the first loop.
}

// Main program loop
void loop( ){
    receiver_input_channel_3 = convert_receiver_channel(3);
                          // Convert the actual receiver signals for throttle to the standard 1000 – 2000us

    while(zero_timer + 4000 > micros( ));     // Start the pulse after 4000 micro seconds.
    zero_timer = micros( );                   // Reset the zero timer.
    PORTD |= B11110000;                       // Set port 4, 5, 6 and 7 high at once
    timer_channel_1 = receiver_input_channel_3 + zero_timer;
                          // Calculate the time when digital port 4 is set low
    timer_channel_2 = receiver_input_channel_3 + zero_timer;
                          // Calculate the time when digital port 5 is set low
    timer_channel_3 = receiver_input_channel_3 + zero_timer;
                          // Calculate the time when digital port 6 is set low
    timer_channel_4 = receiver_input_channel_3 + zero_timer;
                          // Calculate the time when digital port 7 is set low
```

```cpp
    while(PORTD >= 16){                         // Execute the loop until digital port 4 to 7 is low
      esc_loop_timer = micros( );               // Check the current time
      if(timer_channel_1 <= esc_loop_timer)PORTD &= B11101111;
                                                // When the delay time is expired, digital port 4 is set low
      if(timer_channel_2 <= esc_loop_timer)PORTD &= B11011111;
                                                // When the delay time is expired, digital port 5 is set low
      if(timer_channel_3 <= esc_loop_timer)PORTD &= B10111111;
                                                // When the delay time is expired, digital port 6 is set low
      if(timer_channel_4 <= esc_loop_timer)PORTD &= B01111111;
                                                // When the delay time is expired, digital port 7 is set low
    }
  }


//This routine is called every time input 8, 9, 10 or 11 changed state
ISR(PCINT0_vect){
  current_time = micros( );
  //Channel 1=========================================
  if(PINB & B00000001)
    {                       // Is input 8 high?
      if(last_channel_1 == 0)
        {                   // Input 8 changed from 0 to 1
          last_channel_1 = 1;                   // Remember current input state
          timer_1 = current_time;               // Set timer_1 to current_time
        }
    }
  else if(last_channel_1 == 1)
    {                       // Input 8 is not high and changed from 1 to 0
      last_channel_1 = 0;                       // Remember current input state
      receiver_input[1] = current_time - timer_1;  // Channel 1 is current_time - timer_1
    }
  //Channel 2=========================================
  if(PINB & B00000010 )
    {                       // Is input 9 high?
      if(last_channel_2 == 0)
        {                   // Input 9 changed from 0 to 1
          last_channel_2 = 1;                   // Remember current input state
          timer_2 = current_time;               // Set timer_2 to current_time
        }
    }
```

第 5 章　基于 Arduino Uno 的四旋翼飞行器的制作

```
    else if(last_channel_2 == 1)
    {                        // Input 9 is not high and changed from 1 to 0
      last_channel_2 = 0;                   // Remember current input state
      receiver_input[2] = current_time - timer_2;   // Channel 2 is current_time - timer_2
    }
    //Channel 3======================================
    if(PINB & B00000100 )
    {                        // Is input 10 high?
      if(last_channel_3 == 0)
      {                      // Input 10 changed from 0 to 1
        last_channel_3 = 1;               // Remember current input state
        timer_3 = current_time;           // Set timer_3 to current_time
      }
    }
    else if(last_channel_3 == 1)
    {                        // Input 10 is not high and changed from 1 to 0
      last_channel_3 = 0;                 // Remember current input state
      receiver_input[3] = current_time - timer_3;   // Channel 3 is current_time - timer_3
    }
    //Channel 4======================================
    if(PINB & B00001000 )
    {                        // Is input 11 high?
      if(last_channel_4 == 0)
      {                      // Input 11 changed from 0 to 1
        last_channel_4 = 1;               // Remember current input state
        timer_4 = current_time;           // Set timer_4 to current_time
      }
    }
    else if(last_channel_4 == 1)
    {                        // Input 11 is not high and changed from 1 to 0
      last_channel_4 = 0;                 // Remember current input state
      receiver_input[4] = current_time - timer_4;   // Channel 4 is current_time - timer_4
    }
}

//Checck if the receiver values are valid within 10 seconds
void wait_for_receiver( )
{
    byte zero = 0;                        // Set all bits in the variable zero to 0
```

```
while(zero < 15)
{                              // Stay in this loop until the 4 lowest bits are set
    if(receiver_input[1] < 2100 && receiver_input[1] > 900)zero |= 0b00000001;
                               // Set bit 0 if the receiver pulse 1 is within the 900~2100 range
    if(receiver_input[2] < 2100 && receiver_input[2] > 900)zero |= 0b00000010;
                               // Set bit 1 if the receiver pulse 2 is within the 900~2100 range
    if(receiver_input[3] < 2100 && receiver_input[3] > 900)zero |= 0b00000100;
                               // Set bit 2 if the receiver pulse 3 is within the 900~2100 range
    if(receiver_input[4] < 2100 && receiver_input[4] > 900)zero |= 0b00001000;
                               // Set bit 3 if the receiver pulse 4 is within the 900~2100 range
    delay(500);                // Wait 500 milliseconds
}
}


// This part converts the actual receiver signals to a standardized 1000 – 1500 – 2000 microsecond value.
// The stored data in the EEPROM is used.
int convert_receiver_channel(byte function)
{
    byte channel, reverse;          // First we declare some local variables
    int low, center, high, actual;
    int difference;

    channel = eeprom_data[function + 23] & 0b00000111;
                                    // What channel corresponds with the specific function
    if(eeprom_data[function + 23] & 0b10000000)reverse = 1;
                                    // Reverse channel when most significant bit is set
    else reverse = 0;
                                    // If the most significant is not set there is no reverse

    actual = receiver_input[channel];
                                    // Read the actual receiver value for the corresponding function
    low = (eeprom_data[channel * 2 + 15] << 8) | eeprom_data[channel * 2 + 14];
                                    // Store the low value for the specific receiver input channel
    center = (eeprom_data[channel * 2 - 1] << 8) | eeprom_data[channel * 2 – 2];
                                    // Store the center value for the specific receiver input channel
    high = (eeprom_data[channel * 2 + 7] << 8) | eeprom_data[channel * 2 + 6];
                                    // Store the high value for the specific receiver input channel
```

第 5 章 基于 Arduino Uno 的四旋翼飞行器的制作

```
    if(actual < center)
    {                  // The actual receiver value is lower than the center value
        if(actual < low)actual = low;  // Limit the lowest value to the value that was detected during setup
        difference = ((long)(center - actual) * (long)500) / (center – low);
                                      // Calculate and scale the actual value to a 1000~2000us value
        if(reverse == 1)return 1500 + difference;      // If the channel is reversed
        else return 1500 - difference;                 // If the channel is not reversed
    }
    else if(actual > center)
    {                  // The actual receiver value is higher than the center value
        if(actual > high)actual = high; // Limit the lowest value to the value that was detected during setup
        difference = ((long)(actual - center) * (long)500) / (high - center);    // Calculate and scale the
                                                        actual value to a 1000~2000us value
        if(reverse == 1) return 1500 - difference;     // If the channel is reversed
        else return 1500 + difference;                 // If the channel is not reversed
    }
    else return 1500;
}
```

思 考 题

按照书中讲解的步骤，组装并调试一架属于自己的四旋翼飞行器。

第6章 四旋翼飞行器未来的发展与展望

相对于固定翼飞行器四旋翼飞行器具有适应环境能力强,多种姿态飞行的优点,如悬停、前飞、侧飞和倒飞等。目前国内外对四旋翼无人机的研究已经取得了丰硕的成果,已将研究重点转入智能飞行,并投入商业应用。尤其是近年来,随着传感器、驱动器、处理器以及能源供给等在技术方面有了突破性的发展,四旋翼飞行器的开发和研制随之也掀起了热潮,在短时间内就吸引了许多研究者的注意,并很快成为当今国际上一个新的研究热点。

从技术层面讲,当前四旋翼飞行器研究的技术难点主要集中在控制技术,体现在以下三个方面。

第一,四旋翼无人飞行器是一个欠驱动的系统,其控制设计比一般全驱动系统要难得多。此外,它还具有多变量、非线性、强耦合等特性,这使得飞行控制系统的设计变得非常困难。比如飞行器在转弯或横向运动时,飞行器会倾斜。此时升力在水平方向产生分力,垂直方向上的分力减小,如何控制保持飞行器在垂直方向上高度不变,是一大难点。

第二,四旋翼飞行器的自稳控制。飞行器在飞行过程中同时受到多种物理效应的作用,比如受到气流等外部环境的干扰。操纵者很难及时进行调整,这需要飞行控制系统自动进行相应的调整。另外,当四旋翼飞行器的负载改变时,其质量也会发生变化。例如喷洒农药的农用四旋翼无人飞行器,它在实施作业的飞行过程中由于农药不断的消耗,飞行器的重量是在不断变化的。如何保持飞行器在高度方向上不发生改变,这些不确定性大大增加了控制系统设计的难度。

第三,由于四旋翼飞行器有效载荷较小,难以搭载较多的传感器,对四旋翼无人飞行器进行状态测量是比较困难的,精度也不好;这对系统的控制稳定有很大的影响,大大限制了四旋翼飞行器的发展。

因此,在未来四旋翼飞行器技术研究的发展方向上,重点会集中在以下几个方面。

1. 智能传感器技术

智能传感器带有微处理机,具有采集、处理、交换信息的能力,是传感器集成化与微处理机相结合的产物。与一般传感器相比,智能传感器具有以下特点:

(1) 通过软件技术可实现高精度的信息采集,而且成本低;
(2) 具有一定的编程自动化能力;
(3) 功能多样化;
(4) 高可靠性和高稳定性。

由于飞行器在战场上应用时,需要携带电视摄像机、红外、微光等各种超轻重量的传感器,其感知系统由多个传感器集合而成,采集的信息需要计算机进行处理,因此使用智能传感器就可以将信息分散处理，从而降低成本。采用智能传感器还可进一步提升飞行器的性能，提高飞行器的智能水平。因而传感器智能化是传感器技术发展的重要方向。

2. 自主控制技术

在条件不确定的前提下，将最优化求解问题近实时或者实时的予以解决，是自主控制目前面临的最大挑战。而高智能化以及高自主控制是未来四旋翼飞行器的发展方向。但是就目前四旋翼飞行器的技术水平而言，智能化以及自主控制化技术都还处于发展阶段，仍旧不成熟。想要在各类环境中充分发挥微小型无人机的优势作用，必须实现自主飞行功能。在未来的发展要求中，四旋翼飞行器必须能够依照设定的航路自主完成任务，并能够依照形势，自主地控制决策，以原有任务、计划为基础，完成既有使命，这就要求飞行器具备一定的复杂问题处理能力，能够在不确定性的条件中自主决策。飞行器的自主控制的核心技术便是人工智能，人工智能技术水平的高低直接决定了飞行器的自主控制水平。而在这一问题上，仿生感知、仿生控制成了自主控制技术发展的转折点。

3. 多机编队协同控制技术

在任务的执行过程中，飞行器由于各类主客观原因会有所损失。若仅仅只有单飞行器执行任务，那么一旦出现突发情况，飞行器不得不脱离任务，致使任务失败。但是若执行任务的飞行器有多个，以编队的方式执行任务，那么出现单个飞行器脱离任务，只会影响任务完成度。无人机在编队飞行中，通过共享信息可以随时变化队形，并自主灵活地应对突发事件，另外还可以在队伍中编入备用飞行器，以保证任务的执行程度。在战场中，任务的复杂性、多变性较高，因而这种冗余度、可靠性可以确保任务更好地完成，编队飞行的突出特点便在此。飞行器的单独荷载量有限，因此单个飞行器执行任务的困难度较高，而编队协同的方式可以有效提高飞行器应对突发事件的能力，提高任务的成功率，在干扰任务以及侦查任务中发挥巨大的优势。但是对飞行器进行编队需要建立在完善的分布控制技术之上，因此必须予以深入研究。

目前，市场上绝大部分的四旋翼飞行器产品都是用来航拍、航测的，只有小部分产品应用于农业喷洒和军事侦察，但是随着对四旋翼，甚至多旋翼飞行器的研究与探索，将会有更多用途的无人机诞生，所以掌握一定的四旋翼应用、开发知识，一定会在即将到来的无人机时代大有作为。

思 考 题

1. 当前四旋翼飞行器研究的技术难点主要体现在哪些方面？
2. 未来四旋翼飞行器技术研究的发展方向会集中在哪几个方面？
3. 未来四旋翼飞行器应用领域会有哪些方面的发展？

参 考 文 献

[1] 李大伟,杨炯. 开源飞控知多少[J]. 机器人产业. 2015(3): 83-93.
[2] 赵立峰,张凯,王伟. 多旋翼无人机位置控制系统设计[J]. 计算机测量与控制,2016(3): 24-28.
[3] 王刚. 基于 Arduino Uno 平台的跌倒检测报警系统设计[J]. 单片机与嵌入式系统应用,2015(7): 49-52.
[4] LIM H, PARK J, LEE D, 等. Build Your Own Quadrotor: Open-Source Projects on Unmanned Aerial Vehicles [J]. Robotics & Automation Magazine, IEEE, 2012(3): 33-45.
[5] 王帅,魏国. 卡尔曼滤波在四旋翼飞行器姿态测量中的应用[J]. 兵工自动化,2011(1): 73-80.
[6] 赵敏. 浅谈四旋翼飞行器的技术发展方向[J]. 科技创新与应用. 2016(16): 100.
[7] 国倩倩. 微型四旋翼飞行器控制系统设计及控制方法研究[D]. 长春:吉林大学通信工程学院,2013.
[8] 段世华. 四旋翼飞行器控制系统的设计和实现[D]. 成都:成都电子科技大学自动化工程学院,2012.